普通高等学校"十三五"省级规划教材

高等学校核心素养与创新实践丛书

3D打印

原理与操作

通用创客培养教程

主 编 杨 辉 万海鑫

副主编 马思远

编 委（以姓氏笔画为序）

朱 琪 李 梅 谢 坤

谢 倩

中国科学技术大学出版社

内 容 简 介

本书是安徽省高水平高职教材建设成果，主要介绍了 3D 打印和 Arduino 的基础知识。全书共 10 章，第一章至第七章以分步实操讲解为主，包括 3D 打印的基础知识、3D 打印原理、3D 打印机的操作、典型建模软件的操作、常用切片软件的使用、模型修复软件的技能等；第八章至第十章以理论介绍为主，包括 Arduino 的基本介绍、Arduino 的编程和 Arduino 使用案例。

本书既可作为高职高专院校机械加工类、数控类专业的学生教材使用，也可供有兴趣的读者阅读。

图书在版编目(CIP)数据

3D 打印原理与操作：通用创客培养教程/杨辉，万海鑫主编. —合肥：中国科学技术大学出版社，2020.5(2025.1 重印)
ISBN 978-7-312-04809-8

Ⅰ.3… Ⅱ.①杨… ②万… Ⅲ.立体印刷—印刷术—高等职业教育—教材 Ⅳ.TS853

中国版本图书馆 CIP 数据核字(2020)第 041200 号

出版	中国科学技术大学出版社
	安徽省合肥市金寨路 96 号,230026
	http://press.ustc.edu.cn
	https://zgkxjsdxcbs.tmall.com
印刷	江苏凤凰数码印务有限公司
发行	中国科学技术大学出版社
经销	全国新华书店
开本	787 mm×1092 mm　1/16
印张	11
字数	282 千
版次	2020 年 5 月第 1 版
印次	2025 年 1 月第 2 次印刷
定价	30.00 元

前　言

3D打印技术是目前较为热门的制造技术之一,其独特的技术能够快速地将图纸上的图案变成实物,在教育、首饰定制、机械制造、模具、航空航天、汽车制造、医疗等方面都有应用。随着3D打印技术的广泛应用,在教育领域开设相关课程的要求越来越迫切。本书既可以作为高职院校的课程教材,也可以供有兴趣的读者阅读。

本书共分10章,第一章至第七章以分步实操讲解为主,包括3D打印的基础知识、3D打印原理、3D打印机的操作、典型建模软件的操作、常用切片软件的使用、模型修复软件的技能等;第八章至第十章以理论介绍为主,包括 Arduino 的基本介绍、Arduino 的编程和 Arduino 使用案例。

本书由阜阳职业技术学院杨辉、万海鑫担任主编,阜阳职业技术学院马思远、李梅以及阜阳幼儿师范高等专科学校朱琪等参与编写。为了解最新的3D打印技术,我们在编写过程中参考了 Arduino 官方网站、Thingiverse 网站、GitHub 网站以及主流品牌的外文官方网站,这些网站内容的翻译和专业软件内容的翻译工作由阜阳职业技术学院谢倩、谢坤完成。编写分工如下:第一章、第二章由杨辉编写;第六章、第十章由万海鑫编写;第三章至第五章由马思远编写;第七章由李梅编写;第八章、第九章由朱琪编写。

由于编者的水平和经验有限,书中难免有错误及疏漏之处,敬请广大读者批评指正。

编　者

目　　录

第一章　3D 打印技术概述

第一节　3D 打印技术相关知识介绍

一、3D 打印技术的含义

近年来,我们经常能听到"3D"这个名词,且往往跟高科技联系在一起,如 3D 显示、3D 电影、3D 扫描、3D 打印等。3D 之所以被认为是"高科技",很大程度上归因于我们通过高科技的数字化手段,使得客观世界中的 3D 实体能够在虚拟世界中得以高精度重建(3D 扫描)、智能化编辑(3D 设计)、真实感高清展示(3D 显示),乃至重新返回至客观世界(3D 打印)。就学科专业而言,3D 技术横跨计算机视觉、计算机图形学、模式识别与智能系统、复杂系统与自动控制、数据挖掘与机器学习、工程材料学、光机电一体化等学科,是名副其实的技术密集型高科技。

3D 打印技术(3D Printing),又称快速成型技术(Rapid Prototyping Manufacturing, RPM),从制造工艺的技术角度来看,还可叫作增材制造技术(Additive Manufacturing, AM)。它将计算机获取的三维模型,通过软件分层离散和数控成型系统,利用激光束、热熔喷嘴、光固化等方式将金属粉末、陶瓷粉末、塑料、细胞组织、树脂等特殊材料逐层堆积黏结,最终叠加成型,制造出实体产品。与传统制造业通过车、铣、刨、磨等机械加工方式对原材料进行定型、切削为最终生产成品不同,3D 打印是增材制造,传统机械加工是减材制造。3D 打印机通过"切片"将三维实体变为若干个二维平面,通过材料处理并逐层叠加进行生产,大大降低了制造工艺的复杂度。这种数字化制造模式不需要复杂的工艺和机床,直接通过计算机图形数据,便可生成任何形状的立体零件。任意复杂、中空、扭曲的零件都可以分层制造出来。因此,3D 打印机也被称为"万能制造机"。

图 1.1 中的零件内部构造复杂——中空、互锁、凹陷、空洞,无法通过传统的工艺加工,利用 3D 打印技术,通过将零件分层制造,再黏合,就可加工制造而成。

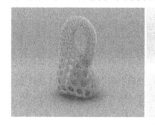

图 1.1　内部构造复杂的零件

　　图 1.2 是一种航空器零件,其内部采用轻量化蜂窝状结构,是为了在保证该零件强度的同时,尽可能地减少整体的重量。这种蜂窝状结构,无法通过传统的方式加工,只有通过 3D 打印技术制造。

图 1.2　轻量化蜂窝状结构的航空器零件

　　图 1.3 所展示的是个性化定制戒指。一方面,传统手工艺人很难制造这种饰品,另一方面,由于定制个性化饰品的群体较少,若单独制造模具很不划算,但通过 3D 打印机可以进行少量化、个性化定制。

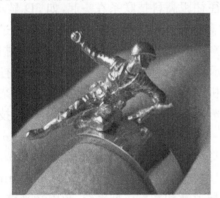 

图 1.3　个性化定制戒指

二、3D 打印技术的发展历程

　　3D 打印技术的核心思想最早起源于 19 世纪照相雕塑(Photo Sculpture)技术和地貌成形(Topography)技术。

　　1892 年,J. E. Blanther 在其专利中曾建议用分层制造法构造地形图(图 1.4)。1902 年,C. Baese 提出了利用用光敏聚合物制造塑料件的原理构造地形图。1904 年,Perera 提出了在硬纸板上切割轮廓线,然后将这些纸板黏结成三维地形图的方法。

　　虽然 3D 打印技术起源很早,但是由于受到当时材料技术与计算机技术的限制,直到 20 世纪七八十年代才得到广泛应用,其学名为“快速成型”。

　　20 世纪 50 年代,出现了几百个与 3D 打印有关的专利。20 世纪 80 年代后期,3D 打印技术有了根本性的发展,出现的专利更多,仅在 1986～1998 年间注册的美国专利就有 24 个。1986 年,Hull 发明了光固化成型(Stereo Lithography Appearance,SLA)技术。1988 年,Feygin 发明了分层实体制造技术。1989 年,Deckard 发明了粉末激光烧结(Selective Laser Sintering,SLS)技术。1992 年,Crump 发明了熔融堆积(Fused Deposition Modeling,

图 1.4　分层制造法构成的地形图

FDM)制造技术。1993 年,Sachs 在麻省理工大学发明了 3D 打印技术。1995 年,麻省理工大学创造了"三维打印"一词,当时的毕业生 J. Bredt 和 T. Anderson 修改了喷墨打印机方案,即把约束熔剂挤压到粉末床。

随着 3D 打印技术的不断发展,可用于生产的设备也被研发出来。1988 年,美国的 3D Systems 公司根据 Hull 的专利,生产出了第一台现代 3D 打印设备 SLA-250(光固化成型机),开创了 3D 打印技术发展的新纪元。在此后的 10 年中,3D 打印技术蓬勃发展,涌现出十余种新工艺和相应的 3D 打印设备。科学家们表示,目前 3D 打印机的使用范围还很有限,不过在未来的某一天,人们一定可以通过 3D 打印机打印出更多更实用的物品。

三、3D 打印过程

3D 打印过程一般分成五步:① 获取 3D 数字模型;② 模型处理;③ 模型切片;④ 3D 打印;⑤ 后处理。

(一)获取 3D 数字模型

获取 3D 数字模型一般有三种方式,即软件建模、3D 扫描和网络下载。

(1) 软件建模。一般有 UG、PRO/e、Soild Works、123D Design、Tinkercad、3D One、中望 3D 等软件,这些软件有一部分是专业的行业软件,使用者需要具有一定的专业知识。图 1.5 就是 3D 建模所得到的数字模型。

(2) 3D 扫描。3D 扫描有两种类型,即激光扫描和白光(蓝光)扫描。图 1.6 为激光扫描仪,图 1.7 为白光(蓝光)扫描仪。

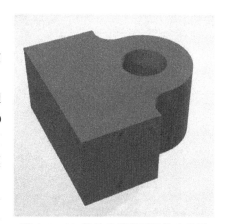

图 1.5　3D 软件建模得到的数字模型

图 1.6　激光扫描仪　　　　　　　　　　图 1.7　白光(蓝光)扫描仪

通过 3D 扫描,可以将物体的三维数据保存到计算机,该三维数据可以用于 3D 打印或者逆向工程。逆向工程就是将前述的三维数据进行二次设计并用于生产,是一个从物体到物体的过程,目前在汽车制造行业应用广泛。

还有一种特殊的 3D 扫描,就是使用软件将医学 CT 或者 MRI(磁共振成像)的数据拟合出 3D 模型,目前广泛应用于医学植入体、术前规划及疾病诊断等方面。这方面的软件有 Mimics、3D Slicer 等。如图 1.8 至图 1.10 所示。

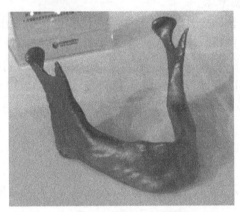

图 1.8　3D 打印的人体下颚骨植入体

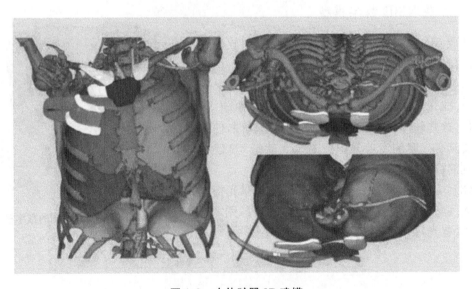

图 1.9　人体脏器 3D 建模

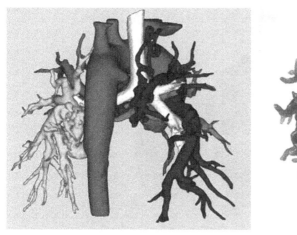

图 1.10　人体心血管建模及 3D 打印

（3）网络下载。目前有很多网站可提供 3D 模型下载，比如"打印啦""打印虎"等。通过搜索引擎输入关键词"STL 下载"，即可找到相应的下载网站，如果找不到需要的模型，可以在网站发布需求，获取网友们的帮助。

（二）模型处理

3D 模型在打印前，需要进行模型处理，一般模型处理的内容有：减少三角面（缩小模型）、模型切割、检查开放孔洞、尺寸调节、模型修改、模型旋转、模型重心检查、布尔运算、增加支撑、抽壳等，常用的软件有 Meshmixer、Netfabb、Magics 等，目前 Windows 10 操作系统中的"画图 3D""3D Viewer"和"3D Builder"软件也具有模型处理功能。如图 1.11 至图1.13所示。

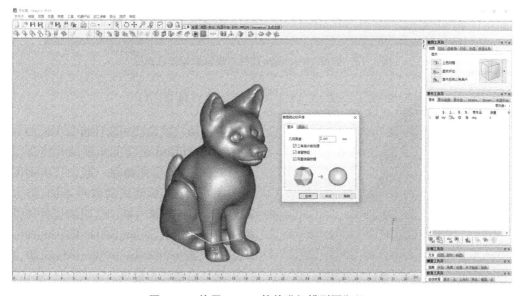

图 1.11　使用 Magics 软件进行模型圆润处理

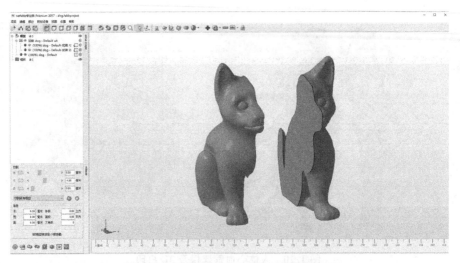

图 1.12　使用 Netfabb 软件进行模型切割

图 1.13　使用 Meshmixer 软件对模型添加树状支撑

图 1.14　模型切片效果

（三）模型切片

　　模型切片就是使用软件将数字模型切成片体。3D打印就是将此步骤的片体逐层制造出来，并把每层黏结在一起。目前不同原理的 3D 打印机所使用的软件不同，但大多都是用 slic3r 开源内核。常用的切片软件很多，比如 Cura、Simplify3D、RepetierHost、Magics、Slic3r、Creation Workshop 等。图1.14就是模型切片效果。

（四）3D打印

　　将模型切片数据上传至 3D 打印机就可

以打印出我们所要的模型。不同原理的 3D 打印机切片所生成的数据是不同的。比如，FDM 原理的 3D 打印机所使用的代码一般是 G 代码，这个代码在数控机床上也是可以使用的；一般光固化原理的 3D 打印机，使用图片格式或 SLC 格式的切片文件。

（五）后处理

当数字模型被打印成实体后，还需将模型从打印平台上取下并去除支撑，有的还需要对模型进行固化和去除纹理等。图 1.15 即为去除支撑。

图 1.15　去除支撑

第二节　常见的 3D 打印原理及材料介绍

常见的 3D 打印原理有：熔融堆积（FDM）、光固化成型（SLA）、激光烧结（SLS）/激光熔融（SLM）、分层实体制造（LOM）、三维印刷（3DP）、树脂喷射彩色 3D 打印等。不同的原理，所使用的材料也不同，常见的 3D 打印材料如下：丝状 ABS、丝状 PLA、丝状 PVA、丝状碳纤维、尼龙粉末、橡胶粉末、聚苯乙烯粉末、ABS 粉末、聚碳酸粉末、金属粉末、陶瓷粉末（氧化铝和氧化锆等掺和树脂成膏状）、石膏粉末、液态光敏树脂、成卷铝箔及成卷纸张等。不同的原理及材料 3D 打印出来的成品性能差别很大，3D 打印的成本和应用也不同。

一、熔融堆积（FDM）

熔融堆积（Fused Deposition Modeling，FDM）制造工艺由美国学者 S. Crump 于 1988 年研制成功，它是一种不使用激光器加工的方法。其原理是喷头在计算机控制下做 X-Y 及 Z 方向运动，丝材在喷头中被加热到温度略高于其熔点，通过带有一个微细喷嘴的喷头挤喷出来。如图 1.16 至图 1.20 所示。

图 1.16　打印耗材(1)

图 1.17　打印耗材(2)

图 1.18　挤丝机

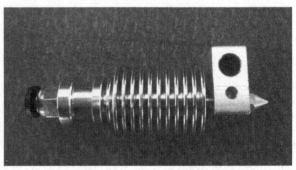

图 1.19　加热块及喷头

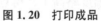

图 1.20　打印成品

二、光固化成型(SLA)

光固化成型(Stereo Lithography Appearance,SLA)是最早实用化的快速成形技术,工艺原理如图1.21所示。

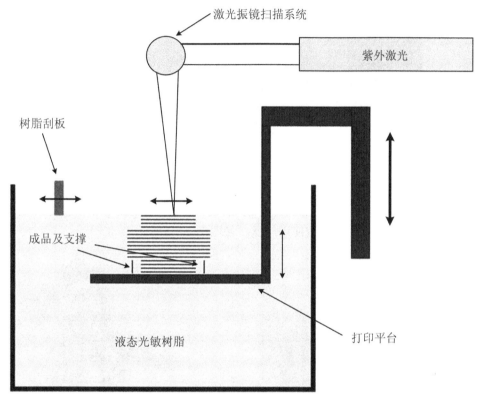

图1.21　光固化成型原理图

用特定波长与强度的激光聚焦到光固化材料表面,使之由点到线、由线到面顺序凝固,完成一个层面的绘图作业,然后升降台在垂直方向移动一个层面的高度,再固化另一个层面,这样层层叠加构成一个三维实体。

因为光敏树脂材料具有高黏性,在每层固化之后,液面很难在短时间内迅速流平,这将会影响实体的精度。采用刮板刮切后,一定量的树脂便会被十分均匀地涂敷在上一叠层上,这样经过激光固化后可以得到较好的精度,且产品表面更加光滑和平整。

光固化成型是最早实用化的快速成形技术,采用液态光敏树脂原料,如图1.22所示。其工艺过程是:首先,通过CAD软件设计出一个三维实体模型,利用切片软件将模型进行切片处理,设计扫描路径,产生的数据将精确控制激光扫描器和升降台的运动;然后,激光光束通过激光扫描振镜,按设计的扫描路径照射到液态光敏树脂表面,使表面特定区域内的一层树脂固化,当一层加工完毕后,就生成零件的一个截面,之后升降台下降一定距离,固化层上覆盖另一层液态树脂,再进行第二层扫描,第二层固化层牢固地黏结在前一层固化层上,这样一层层叠加而成三维工件原型。将原型从树脂中取出后,通过大面积的激光照射,使其最终固化。

图 1.22　光敏树脂原料

　　光固化成型技术主要用于制造多种模具、模型等。还可以通过在原料中加入其他成分，用光固化成型原型模代替熔模精密铸造中的蜡模。光固化成型技术成型速度较快，精度较高，在牙科、首饰定制、玩具等领域使用广泛。如图 1.23 所示。

各种模具　　　　　　　　　　　　　　玩具

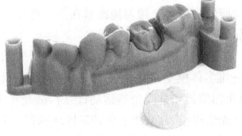

牙齿模具　　　　　　　　　　　　　首饰定制

图 1.23　光固化成型技术打印成品

与光固化成型技术极其相似的还有数字光处理（Digital Light Procession，DLP）技术。这两种技术都是利用感光聚合材料（主要是光敏树脂）在紫外光照射下会快速凝固的特性。不同的是，数字光处理技术使用高分辨率的数字光处理器投影仪来投射紫外光，每次投射可成型一个截面。因此，在理论上其速度也比同类的光固化成型技术快很多。

三、激光烧结（SLS）/激光熔融（SLM）

激光烧结（Selective Laser Sintering，SLS），全称选择性激光烧结，由美国德克萨斯大学奥斯汀分校的 C. R. Dechard 于 1989 年研制成功。激光烧结技术是利用粉末状材料成型的。首先，将材料粉末铺撒在已成型零件的上表面并刮平；再用高强度的 CO_2 激光器在刚铺的新层上扫描出零件截面，材料粉末在高强度的激光照射下被烧结在一起，得到零件的截面，并与下面已成型的部分黏结。当一层截面烧结完后，铺上新一层的材料粉末，选择地烧结下层截面。激光烧结工艺最大的优点在于选材较为广泛，如尼龙、蜡、ABS、树脂裹覆砂（覆膜砂）、聚碳酸酯（Poly Carbonates）、金属和陶瓷粉末等都可以作为烧结对象。粉床上未被烧结部分成为烧结部分的支撑结构，因而无需考虑支撑系统（硬件和软件）。激光烧结工艺与铸造工艺的关系极为密切，如烧结的陶瓷型可作为铸造之型壳、型芯，蜡型可做蜡模，热塑性材料烧结的模型可做消失模。如图 1.24 至图 1.26 所示。

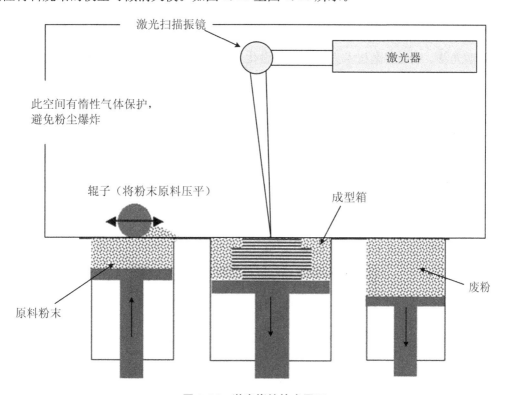

图 1.24　激光烧结技术原理

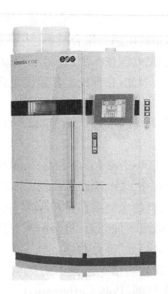

图 1.25　激光烧结技术打印的成品　　　　图 1.26　激光烧结机器

激光熔融(Selective Laser Melting,SLM),全称选择性激光熔融。激光熔融技术是通过激光器对金属粉末直接进行热作用,使其完全融化并经过冷却成型的技术。

虽然激光烧结技术与激光熔融技术的原理都是利用激光束的热作用,但两者激光的作用对象不同,所使用的激光器也不同。激光烧结技术一般应用的是波长较长(9.2~10.8 μm)的 CO_2 激光器。激光熔融技术为了更好的融化金属,需要使用对金属有较高吸收率的激光束,所以一般使用的是 Nd-YAG 激光器(1.064 μm)和光纤激光器(1.09 μm)等波长较短的激光束。

两种技术所使用的材料也有很大的区别。激光烧结技术所使用的材料除了主体金属粉末外,还需要添加一定比例的黏结剂粉末。黏结剂粉末一般为熔点较低的金属粉末或是有机树脂等,如图 1.27 所示。激光熔融技术因其可以使材料完全融化,所以一般使用的是纯金属粉末。由于激光烧结技术的粉末为混合粉末,就算使用的黏结剂是金属粉末,相对主体粉末而言,其强度一般较低,所以相比较于单一金属材料的零件,激光烧结技术的烧结件强度也较低。除此之外,由于工艺的关系,激光烧结技术的烧结件实体存在空隙,在力学性能与成型精度上都要比激光熔融技术的烧结件差一些。

图 1.27　激光烧结使用的原料

四、三维印刷(3DP)

三维印刷(Three Dimensional Printing and Gluing,3DP),也称黏合喷射(Binder Jetting)、喷墨粉末打印(Inkjet Powder Printing)。从工作方式来看,三维印刷与传统二维喷墨打印最接近。与激光烧结技术一样,三维印刷也是通过将粉末黏结成整体来制作零部件。不同之处在于,它不是通过激光熔融的方式黏结,而是通过喷头喷出黏结剂来黏结。如图1.28至图1.29所示。

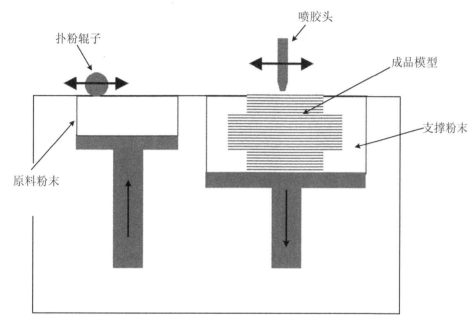

图 1.28　三维印刷原理图

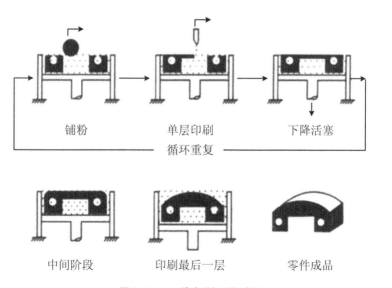

图 1.29　三维印刷工作过程

　　三维印刷技术是美国麻省理工学院 E. Sachs 等人开发的。三维印刷技术改变了传统的零件设计模式,真正实现了由概念设计向模型设计的转变。

　　近年来,三维印刷技术在国外得到了迅猛的发展。美国 Z Corp 公司与日本 Riken Institute 公司于 2000 年研制出基于喷墨打印技术的、能够做出彩色原型件的三维打印机。该公司生产的 Z400、Z406 及 Z810 打印机采用的是 MIT 发明的基于喷射黏结剂黏结粉末工艺的三维印刷设备。

　　2000 年年底,以色列 Object Geometries 公司推出了基于结合 3D Ink-Jet 与光固化工艺的三维打印机 Quadra。美国 3D Systems、荷兰 TNO 以及德国 BMT 等公司都生产出自己研制的三维印刷设备。如图 1.30 所示。

图 1.30　三维印刷典型设备——Projet 860

　　三维印刷具有速度快、可打印全彩色、成型尺寸大等特点,早期的三维印刷技术主要打印石膏材料,其缺点是零件成形强度不高。随着三维印刷技术的不断发展,打印出的零件成形强度越来越高,且成形材料的种类也越来越多,如尼龙、陶瓷、覆膜砂等。如图 1.31 所示。

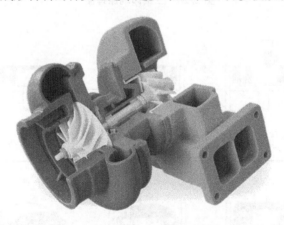

图 1.31　三维印刷成品

第三节　3D打印的应用

3D打印在教育、工业制造、汽车工业和医疗等诸多方面都有很广阔的应用空间。

一、3D打印与教育

3D打印在教育领域的创新应用,不仅是技术工具的运用,也是创新学习模式的有益探索。根据实践经验,将3D打印课程归入学校的纵向课程群,即在学过基础的3D建模、3D打印知识和技能后,学生根据自己的兴趣爱好向不同的的方向分流和发展,成为以3D打印教育为主体的、由发散的独立课程构成的课程群。下面介绍三个不同研究方向的3D打印教育案例。

案例一:鲁班锁

小学四五年级是学生建立立体概念的关键时期。鲁班锁正是这样一个挑战空间想象力的益智玩具。在以往的数学教学中,学生仅通过拆解鲁班锁来学习,对他们来说,在理解上有难度。但通过3D打印,学生可以从观察模块、测量、绘制开始,通过对数据的计算,从原理上对鲁班锁加深了理解。对数学感兴趣的学生通过鲁班锁3D打印的学习,不仅仅对鲁班锁的立体图形有了更加直观的认识,更是通过学习绘制原型图、三视图(正视图、俯视图、侧视图),经历从实物模型到平面图形的过程,其空间想象力和几何直观能力都有所提高。

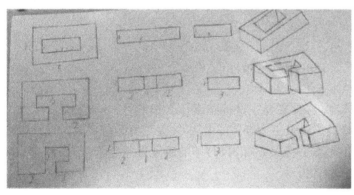

图1.32　小学生3D打印制作的鲁班锁

案例二:"我的校园"

"我的校园"是面向对建筑感兴趣的学生进行的第一个3D打印实践项目。史家小学的校园外形现代气息浓厚,结构复杂,有别于板式建筑,对学生的3D建模能力是一个极大的挑战。3D建模时,按照"先部分、再整体"的原则,通过小区域的绘制,构建整体概念掌握完整数据,再逐渐增加绘制难度,进行完整的校园3D建模。在实际的操作过程中,学生不仅要独立解决平面图识图、校园丈量、等比例缩放等相关知识的学习和操作,还要向模型组的同学学习模型涂色的方法,将3D打印出来的校园模型涂成彩色。"我的校园"这一实践项目使学生切身感受到所学知识与实践应用密切相关,提高了学生自主探究学习的意识,拓宽了学习的领域。

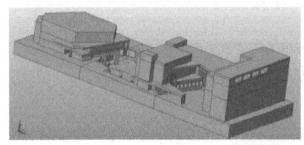

图1.33　小学生3D打印制作的校园模型

案例三:创客挑战赛

　　创客挑战赛是模拟网络上流行的"创客24小时"项目,设定一个电子科技类的项目主题,要求必须使用3D打印和Arduino模块在规定时间内完成作品。这个项目采用以解决方案为导向的思维形式,从要达成的成果着手,探索问题的解决方案。此次的项目主题是"能与人交互的灯光装置",学生们结组完成,增添了很多"第一次"的体验。第一次经历了头脑风暴,他们因设计方向不同而争吵,但明白了只有思想的碰撞才能产生火花,设计就在争吵中不断完善;第一次在测量了Arduino模块后信心满满打印的灯具却小了,由此学会了检查、调整,认识到即使是一个小小的马虎也可以毁掉一件大大的作品;第一次完成具有实际使用意义的全自主设计、打印、编程、组装的灯具,当周围光线变暗时,光带闪烁并响起校歌音乐,学生们的成就感得到了极大的满足。3D打印,帮助学生们在抽象概念和直观经验之间自由转换,将学生的设计想法有效地可视化,更早地发现错误和不足,开发与培养了学生们的创新精神,提高了他们的创新行动力。

二、3D打印与工业制造

　　3D打印就像一位神奇的魔术师,看起来有了这种技术什么都能打。但是,在实际操作中,还需要掌握一些增材制造的设计原则及更为经济的做法,才能更好地应对其对设计带来的挑战,从而创造更大的经济价值。本书将以金属3D打印的工业进气歧管(不锈钢316材质)为例,揭示如何实现这种效益最大化。

　　图1.34是一个用于清洁安装的歧管(分流装置)。该零件使用传统的加工和焊接技术制造,由7个不同的组件焊接组装而成。该歧管的功能是将流入物分为2个不同的通道,同时尽可能均匀地向介质中加入溶剂。需要特别注意的是,用于流入和流出的接口(连接器)是柔性管,因此是可以调整位置的。

图1.34　零件原设计

从图1.35可以看出,本案例中的3D打印主要从以下两个方向进行重新设计:

(1) 提升部件的流动性能(流动阻力小化、溶剂混合效率大化)。

(2) 减少部件的生产成本。

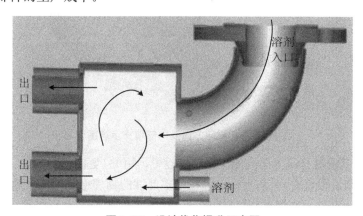

图1.35　设计优化提升示意图

从图1.36可以看出,相对于原来的分流歧管(左),优化设计后的分流歧管(右)的部件的体积变小了,但性能却得到优化,成本得以降低。增材制造设计考虑了边界条件(如本案例中的进/出流速,以及歧管直径、溶液浓度等)。材料的选择主要是考虑其耐蚀性和强度。

(1) 功能性。主要是提升溶剂混合效率,在不完全改动原有设计的基础上加入出口分流设计,如图1.37所示。

(2) 可打印性及后处理。可更改功能性设计,但需要注意几个因素:① 打印方向,如图1.38所示;② 减少表面处理和去支撑等后处理操作;③ 部件表面和特征是否便于后处理。

原设计
优化设计
·组装:7个部件(焊接)
·组装:一体化单个部件
·体积:400cm³
·体积:300cm³
·成本:450欧元
·成本:500欧元

图1.36　分流歧管优化前后的对比

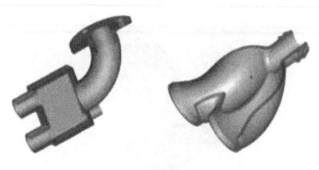

图 1.37　功能性对比图

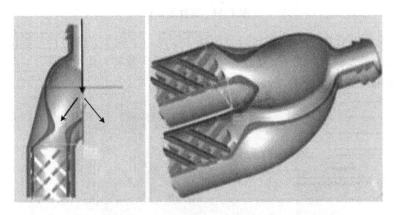

图 1.38　打印方向及内部填充示意图

在设计之初就选对打印方向会使支撑结构设置得更好、更简单。如图 1.39 所示。支撑对金属 3D 打印来说很重要,关系到构建过程中零部件的物理稳定性以及热稳定性。设置支撑通常意味着:① 部件成本增加;② 打印耗时延长(涉及成本);③ 后处理更复杂。

图 1.39　3D 打印零件的支撑

为了得到最终的部件,还有以下 6 个步骤需要完成:

(1) 使用带锯机或手工具将打印部件从打印基板上移除。

(2) 使用带锯机或钳子将支撑去掉,将打印部件从打印基板上移除。注意在重新使用的时候需要修复基板表面。

(3) 去除部件的支撑,使用钳子钳断连接点。

(4) 为了使表面光滑,在与支撑相连的表面会留下一些粗糙点。

(5) 机械的关键界面区域确保与软管接口正确匹配,避免泄露,关键界面的后处理是非常重要的一点,如图 1.40 箭头所标注的地方。

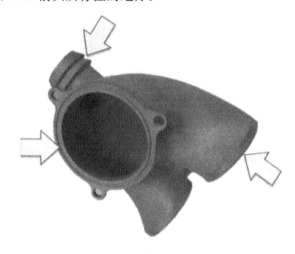

图 1.40　软管连接位置示意图

(6) 金属打印表面的喷砂处理可以将半烧结状态的金属颗粒移除,如图 1.41 所示。

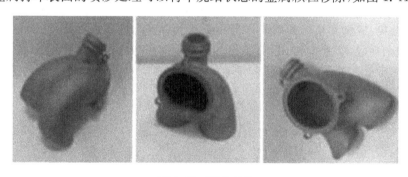

图 1.41　零件成品

三、3D 打印与汽车工业

汽车行业也是 3D 打印最早开始渗透并应用的领域,现在很多整车厂都在采用快速成型设备来满足汽车不同阶段的研发需求,如奔驰、保时捷等。

除了快速成型制造之外,有些汽车企业已经利用 3D 打印技术制作生产线上的工装夹具和生产工具,如宝马公司利用 3D 打印贴标机将标签贴到汽车的不同位置;还有些企业利用 3D 打印技术直接打印某些非关键部件,如汽车的前后保险杠翼子板、保险杠等。

3D打印技术在汽车改装领域也有很大的市场,能够为客户提供个性化、小批量的定制服务。例如,有些汽车在量产的时候是黑色的,但是可以利用该技术为客户定制特别的颜色;也可以为客户制作不同款式的车顶行李架或内饰等。图1.42就是利用3D打印技术制造的洗车。

图1.42　3D打印汽车Strati

四、3D打印与医学影像

3D打印应用于医疗,主要是术前规划和植入件两个方面,下面通过四个案例来介绍。

案例一

在心外科手术中,CT、MRI、B超等检查,都只能在屏幕上提供二维视野,医生在术中无法直视心脏全貌,不能直接观察到其内部细微结构,因此难以准确地、全面地掌握病患信息。通过3D打印技术,手术前3D打印出与实物大小相等的心脏模型,将心脏结构形态、血管生动地呈现于医生眼前,提供传统影像学检查难以显示的信息,从而将上述复杂过程大大简化和标准化,使得手术更准确、安全。如图1.43和图1.44所示。

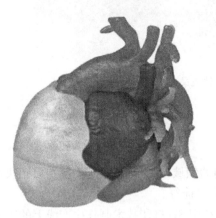

图1.43　3D打印的心脏模型

图 1.44　3D打印的心血管模型

案例二

　　脑部是人体最复杂的部位之一。脑部环境复杂、内部组织纤细，在神经外科手术实施困难的现实下，根据CT等医疗检查获得的患者数据，通过3D打印技术，在手术前打印出彩色、透明的模型，帮助医生制定手术策略。如图1.45所示，3D打印出的人脑及内部组织模型可清晰地显示肿瘤与颅内动静脉的解剖位置关系，便于术中肿瘤的分离且避免损伤颅内血管，能够最大限度地减少手术损伤以及提高手术精确度，保证手术顺利实施。

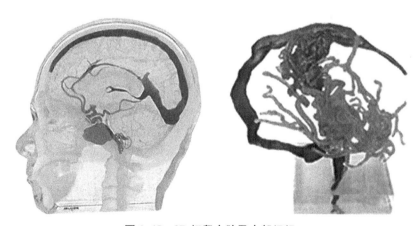

图 1.45　3D打印人脑及内部组织

案例三

　　在泌尿外科病例中，根据CT或者MRI扫描等医疗检查获得的患者数据，通过3D打印技术，打印制作出彩色、透明的肾脏模型。如图1.46所示。术前利用彩色透明3D打印模型，通过不同颜色准确清晰地标记出来，能够帮助医生精确掌握肿瘤和正常组织的血流供应关系，可以在术前就能最大限度地真实模拟手术场景，准确地评估病变情况，从而规划手术路径，最大限度地在剥离肿瘤物的同时保留器官的正常功能，能更有效地将对正常组织的损伤降到最低。

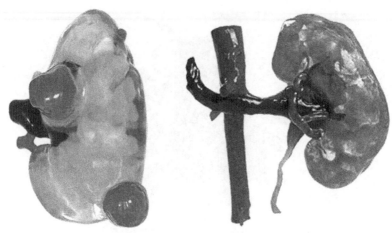

图 1.46　3D打印的肾脏及内部组织

案例四

在骨科病例诊疗过程中,对患者进行CT或者MRI扫描,并使用专用建模软件完成3D模型重构之后,可以通过3D打印技术,打印出彩色、多材料的患者骨骼病变、损伤情况的三维模型,如图1.47和图1.48所示。该模型可以帮助医生制定手术方案,完成手术过程规划、明确个性化手术器械的辅助设计等,极大地减少了临床手术阶段突发情况的发生,缩短了手术时间。

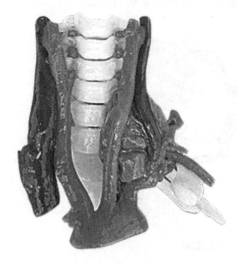
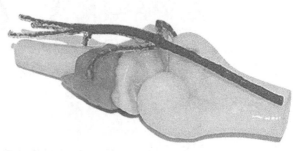

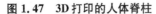

图 1.47　3D打印的人体脊柱　　　　　　　　图 1.48　3D打的印骨瘤

五、其他

施耐德电气(Schneider Electric)是一家从事配电、自动化管理和为能源管理生产安装组件的法国跨国公司,该公司将一系列Stratasys 3D打印机应用在各种原型制造中,以提高生产效率、缩减成本和时间。虽然不同的企业和个人可能对"未来工厂(Factory of the Future)"的样子有不同的概念,但制造商对增材制造设备越来越多的采用表明,许多业内人士将数字制造视为"未来工厂"这一愿景不可或缺的一部分。通过使用基于 Stratasys PolyJet 和 FDM 的 3D 打印解决方案,施耐德公司将用 3D 打印来开发产品、制造原型以及工业化。而且在生产过程中,Stratasys 3D 打印可以实现大幅减少成本并简化工作流程,有助于提升工厂的整体生产效率并减少产品的上市时间。Stratasys 3D 打印技术的另一个优势是:注塑模具嵌件生产用于打印功能部件。施耐德用 3D 打印机而不是通过铝加工方法来生产用于原型设计的注塑模具嵌件,其成本缩减了 90%,从 1000 欧元降到了 100 欧元。"我们从 3D 打印注塑模中看到了大幅度的成本节约,我们还大大缩短了生产时间,所以每次生产我们都能看到一个双赢局面。"Gire 解释说,"用铝生产模具原型在某些情况下必须长达两个月,但 Stratasys 的 3D 打印设备的使用让整个过程在一周内完成。"他补充道,"大约能节省 90%的时间,这对其他技术来说是难以想象的。"此外,使用基于 Stratasys Connex3D 打印技术生产出来的夹具,还可以在生产线上实施快速功能测试和所需的迭代设计,施耐德利用了 FDM 的材料和 PolyJet 材料生产原型夹具和治具,以验证人体工程学和后装配工具的功能。这些工具范围很广,包括焊接工具连接器、电磁位移控制和印制电路板装配连接工具。"3D 打印改变了我们的工作和思考未来的方式。"Sittarame 解释说,"展望未来,我们计划 3D 打印最终工具,考虑到我们 3D 打印工艺的准确性和持久性,这是完全可以实现的。"

图 1.49　3D 打印件用于施耐德电气的产品测试

第二章 熔融堆积 3D 打印机的原理与操作

熔融堆积（Fused Deposition Modeling, FDM）工艺由美国学者 S. Crump 于 1988 年研制成功。熔融堆积 3D 打印机因其价格低廉，产品基本无需后期处理且零件强度适中，是目前应用较广的 3D 打印机之一。在中小学的创新课程和高校的实验室中最为常见，在多部影视作品中也有出现。

熔融堆积 3D 打印机的发展，得益于开源思想，目前有开源软件、开源硬件和开源固件，只要你的产品为前人署名，并且把自己的作品继续开源给后人，就可以使用前述的开源资源。目前，全球的熔融堆积 3D 打印机大多是 Arduino 开源固件控制的。

第一节 熔融堆积 3D 打印原理

熔融堆积 3D 打印机使用的材料一般是热塑性材料，如蜡、ABS、PLA、尼龙等。以丝状供料，材料在喷头内被加热熔化。在计算机控制下，喷头沿零件截面轮廓和填充轨迹运动，同时将熔化的材料挤出，此时的喷头运动是 X-Y 方向运动，挤出的材料在冷却风机的作用下迅速凝固，并与周围的材料凝结。当一层打印完毕，Z 轴上升一层的高度（或平台下降一层高度），再进行下一层的 X-Y 方向运动，以此类推，立体模型就打印出来了。

如图 2.1 所示，喷头前面的电加热装置将耗材加热到融化或接近融化，由挤丝机将丝状打印耗材往前挤出，此时打印耗材将从喷头处的小孔中喷出。通过单片机控制运动机构，使打印平台（热床）和喷头之间的距离小于喷头孔直径，喷头做平面二维运动，同时根据模型需要继续挤出，则打印平台（热床）上就会留下一层塑料丝（耗材）排列出来的图像，塑料丝（耗材）之间紧密黏结，就像一个塑料片，此时首层打印完毕。通过单片机控制运动，让打印平台（热床）下降或喷头上升一个层厚，喷头做平面二维运动，挤出装置根据模型挤出，打印第二层，以此类推，将模型打印成立体实物。

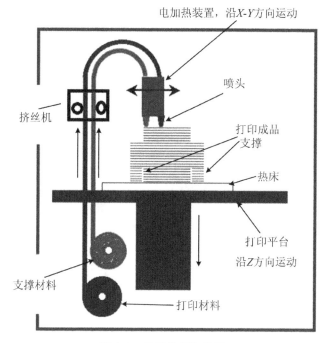

图 2.1　熔融堆积打印原理

第二节　熔融堆积 3D 打印机结构

为了了解熔融堆积 3D 打印机结构，我们以下面一个简易型 3D 打印机（图 2.2）为例。

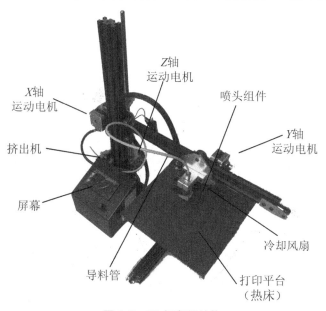

图 2.2　3D 打印机结构

　　该机器是远程挤出 3D 打印机,喷头组件含有加热块、喷嘴、散热器和喉管等,直径 1.75 mm 的丝状打印耗材通过挤出机经过导料管后进入喷头组件,在喷头组件内加热后由直径 0.4 mm 的喷头喷出,打印成零件后由冷却风扇固化。

　　X 轴运动电机通过同步带带动喷头组件左右运动,Y 轴运动电机通过同步带带动打印平台前后运动,Z 轴运动电机通过丝杠带动喷头组件上下运动。三个运动电机、一个挤出电机、喷头加热装置、喷头温度检测装置、冷却风扇及各轴的行程开关统一由单片机固件控制,其根据模型内容协调动作,最终将零件 3D 打印出来。打印组件如图 2.3 至图 2.12 所示。

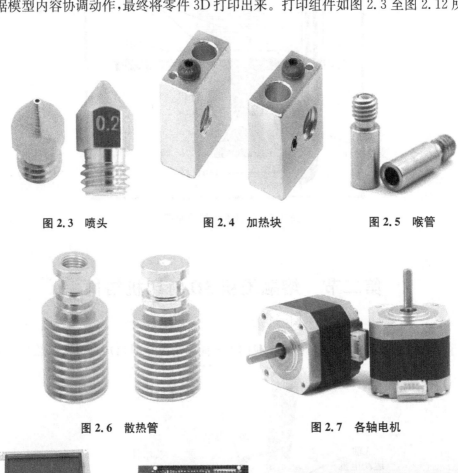

图 2.3　喷头　　　　　　图 2.4　加热块　　　　　　图 2.5　喉管

图 2.6　散热管　　　　　　　　图 2.7　各轴电机

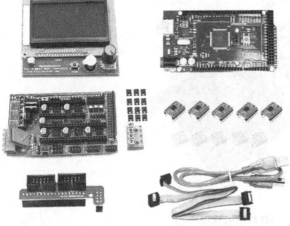

图 2.8　控制部件　　　　　　　　图 2.9　热床

图 2.10 3D 打印耗材

图 2.11 挤丝机

图 2.12 加热块及喷头

第三节 熔融堆积 3D 打印机的操作

本书以安徽硕创电气科技发展有限公司的"硕劢"系列 3D 打印机为例,讲述熔融堆积 3D 打印机的操作。"硕劢"系列 3D 打印机配有彩色触摸屏幕,能够实现 USB 连接电脑打印,也可以使用 SD 卡脱机打印。

一、安装耗材

为了保证 3D 打印机能够顺利地"吐"出耗材,在安装耗材前,需要加热喷头。耗材不同,加热温度也不同,一般 PLA 耗材需要加热到 200℃,ABS 耗材加热到 240℃。步骤如下:

(1) 将机器的插头插上电源,并打开电源开关,如图 2.13 所示。

(2) 按下机器上的上电按钮,此时系统通电,屏幕及控制系统开机,开机首页的界面如图 2.14 所示。

图 2.13 电源开关及上电按钮

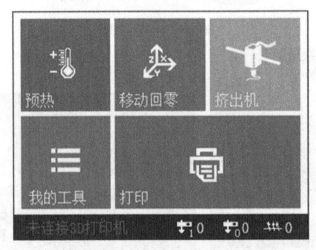

图 2.14 开机主界面

（3）点击屏幕左上角的"预热"，进入如图 2.15 所示的界面。

图 2.15 预热界面

（4）点击"喷头"图标旁边的数字，设置预热温度，之后点击"喷头"图标，开始喷头加热，左侧显示实时温度曲线和设定值。下方是设置平台加热预热。

待温度上升到设定值后（一般 PLA 耗材设置加热温度为 200 ℃，ABS 耗材为 240 ℃），将耗材插入到挤出机的耗材孔中,之后通过导料管进入喷头。因喷头已经加热,稍微用力,耗材将从喷头挤出。此时耗材安装完成。

二、平台调整

点击屏幕左上角的返回箭头,回到主界面,点击"移动回零",进入如图2.16所示的界面,该界面也可通过手动控制 X、Y、Z 轴得到。点击屏幕中间的"小房子"图标,则3D打印机各轴回零,观察喷头和平台之间的距离,通过调整平台下方的调节螺母,使平台和喷头之间大概有一张纸厚度的距离。若平台过高或者过低,都会影响首层打印质量,甚至会造成打印失败,如图2.17所示。

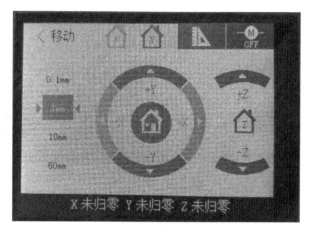

图 2.16　移动回零界面

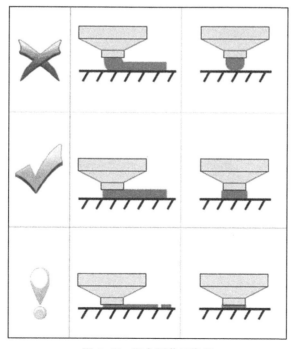

图 2.17　平台调节示意图

三、开始3D打印

耗材安装完毕,且打印平台高度也调整完毕后,就可以开始3D打印了。点击主界面的"打印",进入文件列表,此列表是SD卡中存储的G代码文件,这些文件由切片软件生成。如图2.18所示。

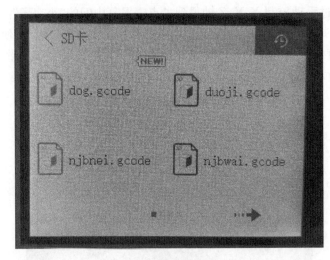

图2.18 文件列表

在文件列表中,找到需要打印的文件,点击进入确认界面,如图2.19所示。

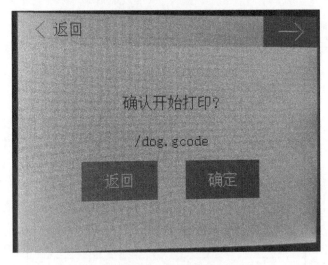

图2.19 打印确认界面

点击"确定"后,3D打印机按照程序开始工作,此时界面显示"喷头加热中",如图2.20所示。

图 2.20　打印界面

打印界面功能如下:

(1) :打印机状态。

(2) :喷头设定温度和实时温度。

(3) :打印平台设定温度和实时温度。

(4) :打印速度倍率设定。

(5) :进入如图 2.21 所示的更多设定。

(6) :运动速度倍率。

(7) :冷却风扇倍率。

(8) :已用时间和 Z 轴高度。

(9) :程序名、运动速度及打印进度显示。

图 2.21　打印界面更多设定

其他界面功能说明如下:

(1) ![自定义图标]：进入自定义命令界面,如图 2.28 所示。

(2) ![温度曲线图标]：进入预热界面,如图 2.15 所示。

(3) ![移动图标]：进入移动回零界面,如图 2.16 所示。

(4) ![自动关机图标]：打开/关闭打印完成自动关机功能;

(5) ![暂停换料图标]：机器暂停打印,自动退料,待手动换料后继续打印。

(6) ![Gcode图标]：进入 G 代码控制界面,如图 2.26 所示。

(7) ![挤出机图标]：进入挤出机界面,如图 2.24 所示。

(8) ![断电保存图标]：打开断电保存功能,可实现断电续打。

打印过程中,点击屏幕右上角的"暂停",机器进入暂停确认界面,如图 2.22 所示,点击"确认"后,可以实现暂停打印,之后还可恢复打印。

图 2.22　暂停确认界面

打印过程中,点击屏幕右上角的"停止",机器进入中止打印确认界面,点击确认后此打印过程中止,不可恢复打印。

打印正常完毕后,进入图 2.23 界面,如果打开了"打完关机"功能,喷头降温到 30℃后自动断开电源。此时可以选择再打一件或删除该文件。

图 2.23　打印完成界面

四、退出耗材

打印完毕后，一般不必将耗材退出，下次可直接开始打印。但是如果要更换耗材，必须将耗材退出，一般需要先加热喷头，待喷头加热到设定温度后，一只手按压挤出机的扳手，另一只手先往里推一下耗材，之后迅速抽出即可。

下面将对此款 3D 打印机的开机界面上的其他功能图标进行简单介绍：

（1）：进入手动控制挤出机界面，如图 2.24 所示，该界面可以手动控制挤出机工作，定量的挤出耗材，同时该界面也可以打开/关闭喷头加热。

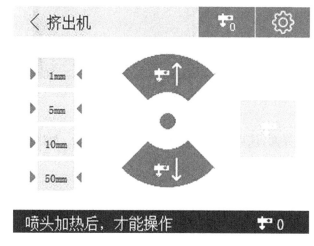

图 2.24　挤出机界面

（2）：进入更多工具界面，如图 2.25 所示。

图 2.25　我的工具界面

该界面各功能说明如下：

① 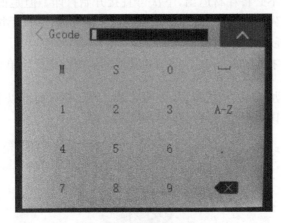　：进入 G 代码控制界面，如图 2.26 所示，在该界面，通过输入标准 G 代码，可以控制机器。

图 2.26　G 代码控制界面

② 　：进入调平界面，该界面预设了几个不同位置的点，观察各点喷头和平台之间的距离，进行手动调平。

③ 　：进入机器的设置界面。

④ 　：进入机器的限位监控界面，如图 2.27 所示。

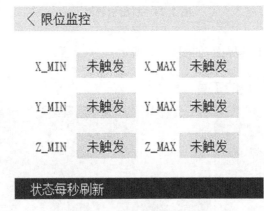

图 2.27　限位监控界面

⑤ 　：断开屏幕与控制板之间的串口连接。

⑥ 　：关闭 3D 打印机的电源。

⑦ 　：进入自定义指令界面，该界面可以自定义常用指令，如图 2.28 所示。

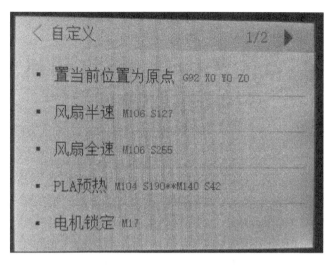

图 2.28 自定义指令界面

（3）：快捷显示喷头和热床温度。

第三章　光固化 3D 打印机的 原理与操作

立体光固化成型法（Stereo Lithography Appearance,SLA）（以下简称"光固化"）是一种可以制造实体树脂零件的激光固化三维打印技术。光固化技术根据零件的 stl 文件利用紫外光固化各种类型的光敏树脂,从而一层一层"生长"成三维实体。因为它是一种层层叠加的过程,任何复杂的几何形状都可以化繁为简,一层一层制造。光固化的主要优点是:它能够迅速产生具有高表面质量、高精度的实体模型。它利用相关软件将 CAD 模型切层处理成数据,利用激光扫描树脂时发生的聚合作用使其固化,逐层扫描形成实体,直至最后一层。打印实体后,清洗并使用固化箱进行表面固化。固化完成可进行后处理,如喷砂、打磨、喷绘及染色等。

本章将以苏州中瑞智创三维科技股份有限公司（以下简称"中瑞公司"）的一款 3D 打印机为例,介绍其打印原理与操作过程。

一、光固化 3D 打印机打印过程

光固化 3D 打印机工作过程中主要有三个步骤:模型预处理、打印及后处理。

（一）模型预处理

模型预处理包括支撑设计和模型分层切片两个部分。这两个部分主要是将设计好的三维模型在切层及支撑生成软件中进行处理,生成光固化 3D 打印机专用格式的 slc 文件。通常会生成两个文件:part. slc 文件和 s_part. slc 文件,前者为零件实体,后者为支撑文件。

（二）打印

按步骤开启 3D 打印机,将预处理得到的两个 slc 文件拷贝或传递至设备的控制计算机,加载 part. slc 文件至 Zero 软件中（注:s_part. slc 会随 part. slc 自动加载）,编辑打印零件的位置,开始打印。

（三）后处理

零件打印完成后需进行后处理,包括清洗、去除支撑及紫外光表面固化。还可以进行喷砂、打磨、抛光、喷绘等处理。

二、光固化 3D 打印机硬件

光固化 3D 打印机的硬件如图 3.1 所示。

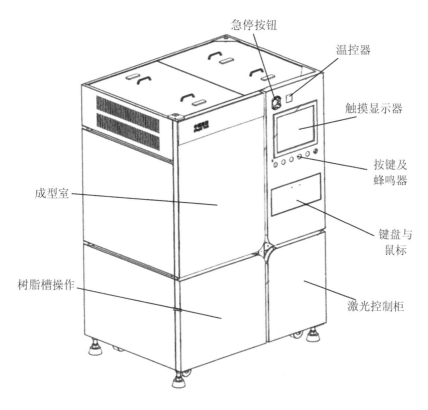

图 3.1　光固化 3D 打印机硬件

（一）成型室

成型室是光固化 3D 打印机的打印工作空间，主要包含了工作平台、刮平器及树脂槽等部分，如图 3.2 所示。

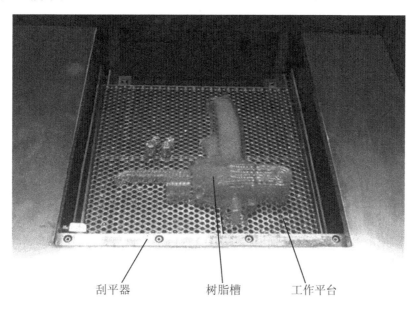

图 3.2　成型室

（1）工作平台，也称作网板，在打印过程中起到承载零件的作用。

（2）刮平器，在打印过程中进行涂铺树脂。

（3）树脂槽，盛装光敏树脂的容器。

（二）温控器

成型室对温度要求较高，温度过高或过低都会造成零件变形，温控器的作用是控制成型室内的环境温度，如图 3.3 所示。

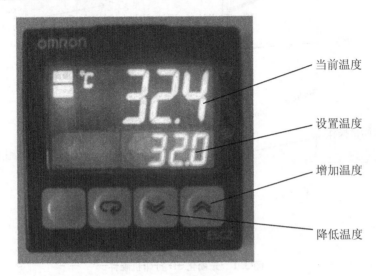

图 3.3　温控器

（三）按键及蜂鸣器

按键是控制机器的开关，蜂鸣器具有提示和报警的作用，如图 3.4 所示。

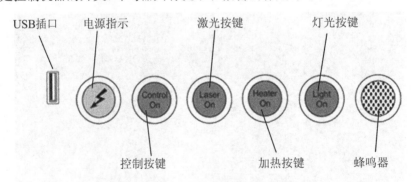

图 3.4　按钮及蜂鸣器

（1）USB 插口：连接 U 盘将 slc 文件拷入设备工控机中。

（2）电源指示：显示机器是否通电。

（3）控制按键：机器控制系统电源开关。

（4）激光按键：激光系统电源总开关。

（5）加热按键：温控系统电源开关。

（6）灯光按键：成型室内 LED 灯开关。

（四）激光控制柜

打开柜门，可见激光操作器面板，对激光电源控制器进行控制操作。

光固化 3D 打印机可配备不同类型激光器，有的激光器不需要控制面板，有的则需要。图 3.5 为 RFH 激光电源控制器操作面板。

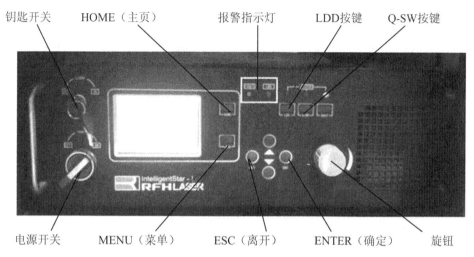

图 3.5　RFH 激光电源控制器操作面板

1. 开启及关闭激光器

（1）开启激光器。

按下激光按键，激光系统通电。打开激光控制柜，将激光电源控制器的电源开关旋转至"ON"，将钥匙开关旋钮至"ON"。等待 10 分钟左右，观察面板显示器主界面，如图 3.6 所示。

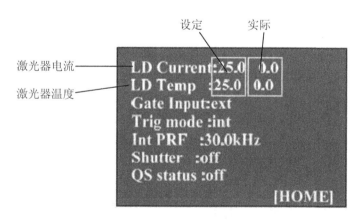

图 3.6　激光器主界面

待激光器的温度场（主界面中的"LD Temp"）稳定后，按下 LDD 按键，待电流（主界面中的"LD Current"）增加到设定值后，按 Q-SW 按键。

注意：若激光电源控制器面板上报警指示灯（红灯）亮，此为报警信息，请勿对电源控制器进行任何操作。稍等片刻，待报警指示灯灭后再进行开启激光器的操作。若报警指示灯一直不灭,请尝试关闭激光系统,过几秒钟再重新打开。如果报警消除,则可进行正常操作;如果报警未消除,请联系机器厂家。

重新开启激光器,激光器需预热约半个小时,激光功率方可满足成型需求。打印前需在"Zero‑Platform‑Laser‑PWR"中测量激光功率,激光功率达到 250 mW 以上才可以进行打印。

如果钥匙开关处于关闭状态,则操作面板上除电源开关外的按键都无效。如果要操作其他的按键,必须打开钥匙开关。

（2）关闭激光器。

打开激光控制柜,先按电源控制器面板的 Q-SW 按键,再按 LDD 按键,待激光器的电流（主界面中的"LD Current"）降为 0 时,将控制器的"POWER"钮旋置 OFF。

2. 开机自检

开机自检,即激光器重启时系统进行自我检测的一个过程。当激光器不出光或出现其他故障时,可能需进行开机自检。

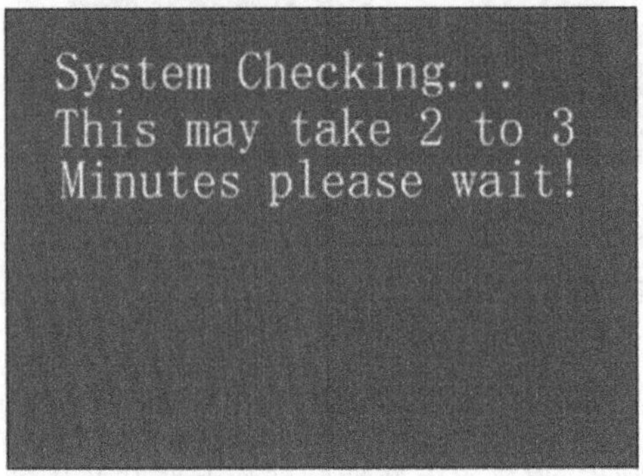

当激光电源控制器的"LASER"钥匙开关处于"OFF"状态时,此时打开电源（POWER）,系统会自动进行自检。在自检的过程中有"滴滴"的蜂鸣声。自检完毕后,蜂鸣声停止,并开始归零,之后系统进入正常的工作程序。此时将钥匙开关拨到"ON"状态即可进行后续操作。如图 3.7 所示。

自检过程需要 2～3 分钟,需耐心等候,如果中途中断,需重新开机,并直接在"LASER"钥匙开关处于"ON"状态时进入系统。若系统正常,重新自检一次即可恢复。

图 3.7　开机自检

当"LASER"钥匙开关处于"ON"状态时,系统不自检,直接进入到正常的工作程序。

3. 调节激光功率

激光功率具有一定的衰减性,激光功率的大小对零件的成型有重要影响。

系统开机后,默认状态下激光电源控制器显示屏处于"HOME"界面,用户也可以按"HOME"键直接进入该界面。如图 3.8 所示。

点击"MENU",直接进入 MENU 界面。如图 3.9 所示。

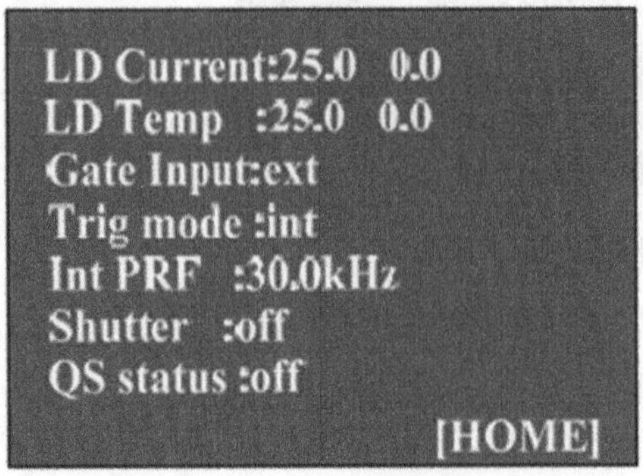

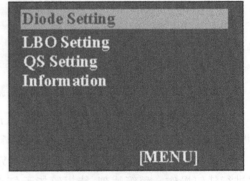

图 3.8　HOME 界面　　　　　**图 3.9　MENU 界面**

在 MENU 界面下,移动上下键可移动光标。当光标在某一行时,按 ENTER 键可以进入下一级菜单。如进入 QS Setting 参数设置界面如图 3.10 所示。

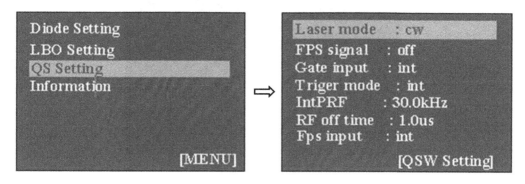

图 3.10　QS Setting 参数设置

在 QS Setting 参数设置界面,调节 RF off time 参数可调节激光器的功率。参数修改流程如图 3.11 所示。

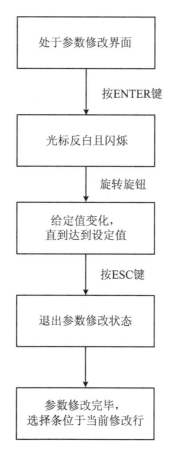

图 3.11　参数修改流程

在 MENU 界面下,按 ESC 键,系统将提示是否对修改参数保存,如图 3.12 所示。其中ENTER:确认保存,参数保存到系统内部的 ROM 中;ESC:不保存,则参数只为临时设置,开机重启后仍为修改前的参数设置。以上操作系统均回到 HOME 界面。

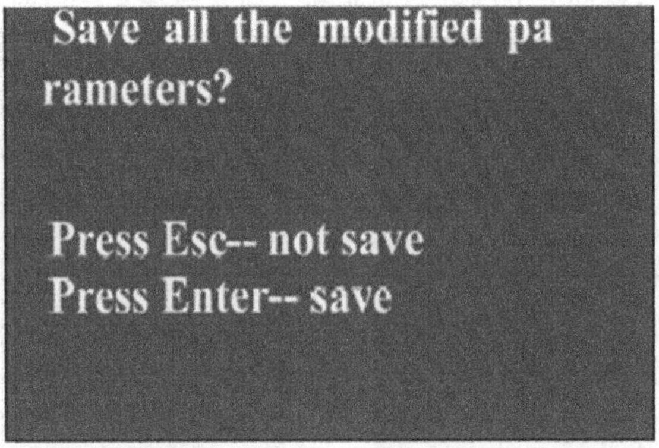

Save all the modified pa
rameters?
Press Esc-- not save
Press Enter-- save

图 3.12　参数保存

注意：在 MENU 界面下，按 HOME 键回到 HOME 界面，此操作不会将修改的参数保存到系统内部的 ROM 中。需要永久改变参数需在 MENU 界面下，点击“ESC”进入参数保存提示界面，点击“ENTER”，确认保存。

三、光固化 3D 打印机操作过程

（一）启动机器

机器开启顺序如图 3.13 所示。

（1）顺时针旋转机器背面的电源开关。

（2）电源指示灯亮，按下控制按键(Control On)，机器控制系统通电，显示器工作。

（3）按下加热键(Heater On)，通常温控器温度设置为 32 ℃，但有些光敏材料不需加热，关闭加热按键即可。

（4）若激光器采用冷水冷却，开启冷水机电源。

（5）待冷水机冷水循环后，开启激光器(Laser On)。

Control On
Heater On
开启总电源
开启设备
开启加热
24.9
25.0
Laser On
开启激光器
开启冷水机

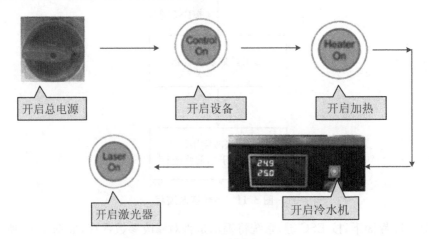

图 3.13　开机操作顺序

（二）关停机器

为避免损坏激光器等部件,关停机器时必须严格按照以下顺序:

（1）关闭加热按键(Heater On)和灯光按键(Light On),关闭加热和灯光。

（2）关闭计算机。

（3）关闭激光器。

（4）关闭激光按键(Laser On),激光系统断电。

（5）关闭控制按键(Control On),机器控制系统断电。

（6）旋转机器背面的电源开关,关闭机器电源。

（三）操作流程

光固化 3D 打印机操作流程如图 3.14 所示。

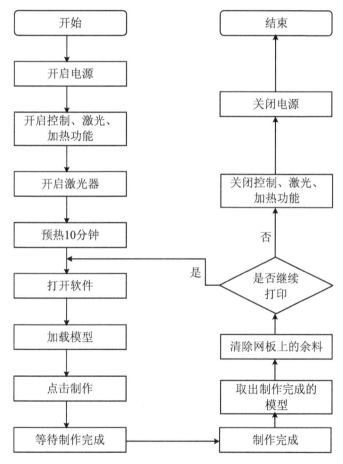

图 3.14　光固化 3D 打印机操作流程

四、光固化 3D 打印机软件使用

不同品牌的光固化 3D 打印机软件功能都非常相似,主要分为切片和 3D 打印机控制。本章所述的切片使用 Magics 软件,打印机控制以中瑞公司的 Zero 软件为例。

　　Magics 软件前述已经介绍,该软件可以编辑 stl 文件,也可以对 stl 文件切片,切片后保存为 slc 格式,本书后面的章节会介绍这部分内容。

　　Zero 软件是中瑞公司的光固化 3D 打印机适配软件,集打印控制、激光控制、精度控制、料槽控制于一体,软件主界面如图 3.15 所示。

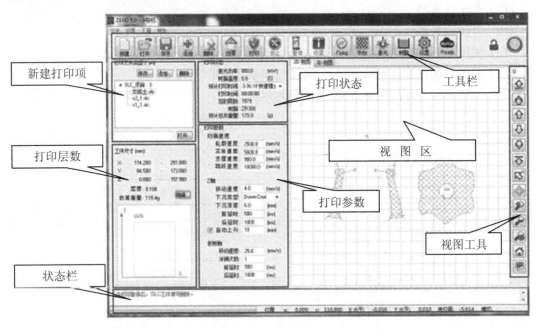

图 3.15　Zero 软件主界面

　　下面以一个零件的 3D 打印过程为例,大致介绍该软件的用法。

　　(1)点击"添加",添加 slc 文件。

　　(2)点击新建打印项目中的"编辑",调整模型位置,如图 3.16 所示。这项工作也可以在 Magics 软件里完成。

　　(3)点击"打印",开始打印。如图 3.17 所示。

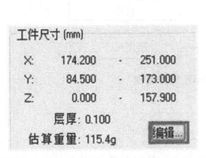

图 3.16　添加模型

图 3.17　开始打印

（4）制作完成后,机器蜂鸣器响 10s,稍等片刻后（默认为 10mins）,工作平台自动升起,将打印完成的零件取下进行后处理操作。

（5）观察液位高度,判定是否添加树脂。若需要添加树脂,点击"树脂",进入加树脂状态。点击"准备",待液位值停止时,将树脂缓缓加入树脂槽中,加树脂时液位不超过5.5。如图 3.18 所示。

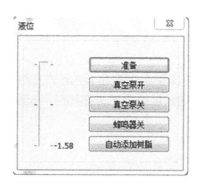

图 3.18　树脂槽控制界面

（6）测试激光。开启激光电源,等待 8 分钟后,点击,进入图 3.19 所示的界面。

① 点击"功率",单次测量激光功率。

② 点击"测试开始",连续测量激光功率。

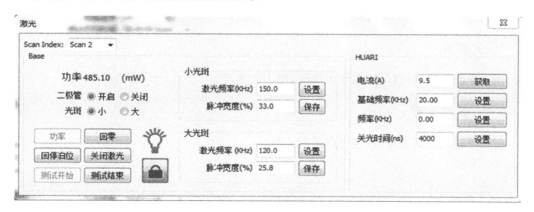

图 3.19　激光测试界面

五、打印注意事项及后处理

（一）图形数据处理

各种格式的图形数据,都需要转化成 stl 格式,给支撑生成软件处理。在支撑生成软件中,加上合适的支撑,生成切片格式,即 *.slc 文件。将单个零件或多个零件的切片 *.slc 文件加载到机器的控制软件中。

（二）打印零件

在机器软件中加载各零件数据后,点击"打印",机器会自动打印。以下几种情况机器会提示或报错：

  （1）材料不够或太多。

  （2）激光器没有开启或功率不够。

  （3）零件超出机器能打印的范围。

  （4）所加载的零件高度不一致。

  （5）支撑的高度低于 5 mm。

（三）取件

  零件打印完后，将零件从打印平台上取出，使用铲刀将支撑铲断，避免零件受力变形。当零件过大，无法从平台上铲下时，可以将平台（网板）一起取下，在更宽阔的空间中，使用锯条等工具将零件从平台取下。

（四）清洗

  将零件放置于清洗剂中，如无水酒精。当零件比较硬时，可以将零件放在水中浸泡几分钟即可；若零件比较软，则不用浸泡，可立即清洗。使用软毛刷将零件表面刷干净，再掰去支撑，用气枪将其表面吹干。

（五）二次固化

  去除支撑后，使用 UV 灯箱二次固化。正反面各半小时。

（六）打磨

  用支撑面砂纸进行打磨，在水中清洗，使表面光滑。

（七）其他处理

  材料可以进行真空电镀，也可以进行上色。

第四章 激光烧结/激光熔融 3D 打印机的原理与操作

选择性激光粉末熔化工艺,采用大功率光纤激光作为熔化、成型的能源,以金属粉末为加工原材料,逐层烧结,叠加成型。其原理如图 4.1 所示。

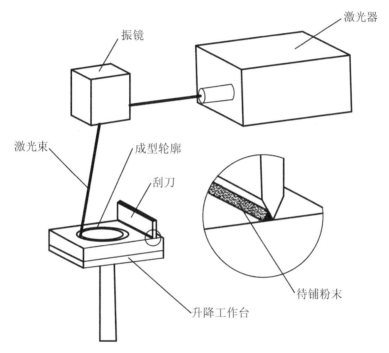

图 4.1 激光烧结/激光熔融 3D 打印机的原理

加工时,刮刀在工作台上均匀地铺上一层很薄的粉末,激光束在控制系统的操纵下,按照零件分层轮廓有选择性地进行烧结、熔化,当前一层烧结完毕之后,工作台随之下降一层,重复铺粉及烧结;在熔化过程中,新烧结层与前一层牢固地熔接在一起;如此不断,循环往复,直至整个模型加工完毕。

由于金属材料在高温过程中容易氧化,所以,在烧结成型的过程中,成型腔内充入保护气体,以降低氧含量,减弱氧化或氮化程度,提高制件质量。

本章将以中瑞公司的一款 3D 打印机为例,介绍激光烧结/激光熔融原理 3D 打印机及其软件的操作。

第一节　激光烧结/激光熔融 3D 打印操作

图 4.2 是某款激光熔融(SLM)金属 3D 打印机外形示意图,该打印机外部有一个冷水机,用于激光冷却。

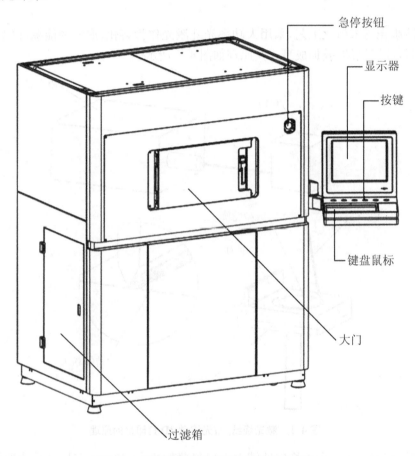

图 4.2　某激光熔融金属 3D 打印机外形图

一、操作流程

金属 3D 打印机设备按钮和操作流程分别如图 4.3 和图 4.4 所示。

电源 指示灯	Control on	Laser on	Heater on	Light on	Laser start

图 4.3　设备按钮

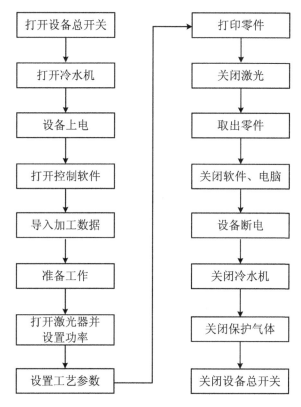

图 4.4　金属 3D 打印机操作流程

二、设备上电

打开机器总电源、打开冷水机后，松开"急停"按钮，按照需要按设备按键。

因金属粉末有粉尘爆炸的可能，所以要确保保护气体的流程不出错。此外，为了保护激光器不被损坏，冷水机的开关顺序也不能出错。

（1）按顺时针方向，旋转急停按钮以解锁（未锁定时省略此步骤）。

（2）按下"Control on"按键，按钮变亮，电脑、驱动器通电。

（3）按下"Laser on"按键，按钮变亮，激光器通电。

（4）确定需要加热时，按下"Heater on"按键（加热温度一般设为 100 ℃）。

（5）成型舱内需要照明时，按下"Light on"按键（再次按下时关闭）。

三、打开控制软件

双击电脑桌面的加工程序图标（比如 SLM），打开控制软件，界面如图 4.5 所示。

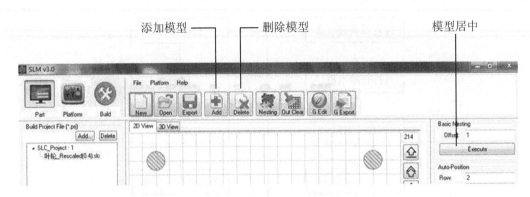

图 4.5　金属 3D 打印机控制软件

四、导入加工数据

点击"Add",添加后缀为"slc"的文件。需要时,单击右侧的"Execute",可使所有模型居中。需要注意的是:单击"Delete"可删除已选中模型(在图形区域中双击可选中模型,再次双击可取消)。

五、准备工作

(一)更换胶条

金属 3D 打印机在打印过程中,为避免金属粉末氧化爆炸,需在舱门上安装密封胶条。为保证安全,该胶条需要定期更换,胶条安装效果如图 4.6 所示。

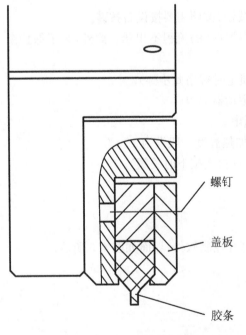

图 4.6　胶条安装效果示意图

(二)安装并调整基板

(1)安装基板:用螺钉将基板固定在底板上。

(2)调整基板:先通过程序操作 Z 轴,降低基板,低于四周台面大约 0.5 mm,在基板上铺少许粉末,将程序控制刮板左右移动,然后逐渐上升基板,直到整个基板上几乎没有粉末为止,即确定正确的初始位置,为后面的打印做好准备。

注意:基板四周棱边必须倒钝,防止割伤皮肤和胶条。

(三)加粉

新粉只需干燥,旧粉(使用过的)还需要过滤。一般用烘箱干燥,约 100 ℃(具体按粉末要求),约 2~6 小时(视潮湿程度而定)。需要注意以下 3 点:

(1)铝合金粉末,必须在真空环境下干燥,防止自燃。

（2）钛粉、IN718 镍基高温合金粉末尽量进行真空干燥,非真空干燥有结块等风险。

（3）其他不活泼金属粉末,可进行普通干燥。

采用供粉缸供粉时,向下移动供粉活塞板,活塞板至工作台面的距离至少为模型高度的 1.7 倍（截面较大时需增加到 3 倍）,然后加满粉末;采用上送粉时,需要用特定的容器在顶部进行加粉操作。

（四）设置含氧量

在含氧量控制系统触摸屏中,点击右侧的"设置"（触摸屏位于过滤箱附近）,含氧设置界面如图 4.7 所示。

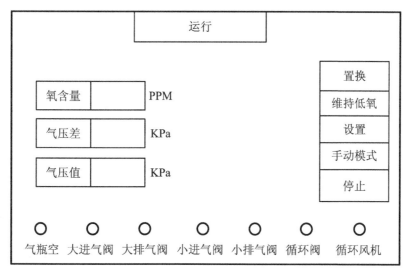

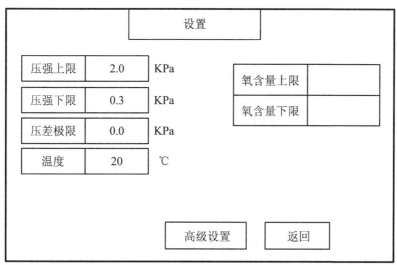

图 4.7　含氧量设置界面

在氧含量上限和下限文本框中设置参数：

（1）钛、铝粉末:上限设为 500PPM,下限设为 80PPM。

（2）钴铬钼粉末:上限设为 1000PPM,下限设为 800PPM。

（3）模具钢粉末：上限设为 3000PPM，下限设为 1500PPM。

（4）不锈钢粉末：上限设为 4000PPM，下限设为 3000PPM。

设置完毕后，点击"返回"。

注意：钛、铝粉末打印时，当氧含量高于 2000PPM 时，有一定的自燃风险；当氧含量高于 3000PPM 时，有较高的自燃风险。

（五）开启保护气体装置

关闭设备大门、过滤箱小门及集料箱蝶阀等（包括所有的门和阀）。在触摸屏中点击"置换"，如图 4.8 所示。

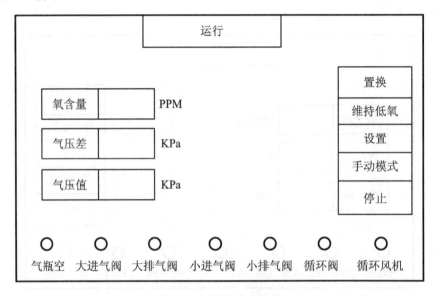

图 4.8　保护气体控制窗

（1）打开保护气瓶阀门。用扳手逆时针缓慢（必须缓慢）旋转阀门螺母，直至流量满足要求。

（2）打开流量计。调节旋钮的角度，调整流量约为 5～25 L/min（以其内部钢球顶部作为读数基准）。流量越大，置换速度越快。

（3）待氧含量符合要求时，其控制系统会自动跳到"维持低氧"（该按钮变亮），然后调小流量，使舱内压力（气压值）维持在 0.4 KPa 左右即可。

注意：钛合金只能使用氩气，严禁使用氮气，因为钛合金在氮气中会燃烧甚至发生微爆。

六、打开激光器并设置功率

（1）钥匙开关旋转至"ON"。

（2）顺时针旋转以解锁急停按钮。

（3）半分钟后，按下"Start"按钮。

（4）在触摸屏上，点击"LOW"，在弹出的界面中，输入功率百分数，再点击"接受"，则当前值列于右侧"CW"下，如图 4.9 所示。

（5）按发射开关，放出激光，其状态灯变成绿色。值得注意的是，仅在设备大门处于关闭状态时,激光才可以出来。为保险起见,开门操作前需关闭激光发射。若按红光开关,则发出红光,如图 4.9 所示。

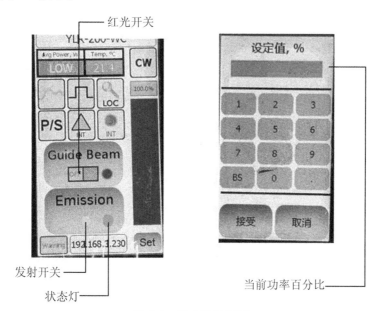

图 4.9　激光控制界面

七、设置工艺参数

（一）设置材料包

将粉末性能设置在软件中,当机器内使用某种材料时,可直接在软件上选取,如图 4.10 所示。

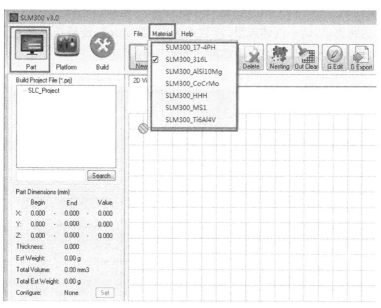

图 4.10　设置材料包

（二）设置激光扫描速度

在软件中设置激光扫描速度，如图 4.11 所示。

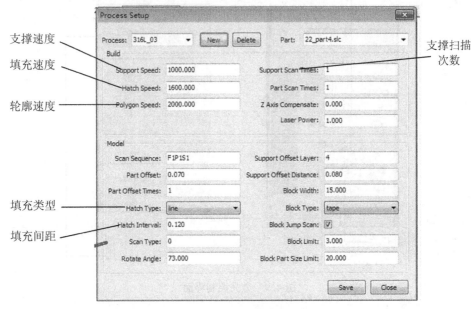

图 4.11　速度设置

（三）设置扫描方式和间距

设置激光扫描方式及光线间距，如图 4.11 所示。

八、打印零件

待氧含量达到要求，调小气体流量（读数约为 0.5L/min），使舱压维持在 0.4Kpa 左右，点击"Build"，再点击"Start"，开始打印零件。如图 4.12 所示。

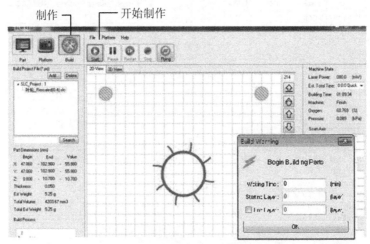

图 4.12　开始打印零件

点击"Start"后,会弹出对话框,内容分别是从多少层开始、等待多长时间、打印到多少层结束,可按需设置,再点击"OK"。

九、取出零件

制作完成后,程序会弹出消息框,点击"OK"即可。关闭激光后,进入程序主界面,升起基板。确认激光发射指示灯处于熄灭状态;打开大门,待基板温度下降后,用扳手拆下基板固定螺钉,取出基板;再用线切割等方法把零件从基板上切割下来。

清理粉末时,对于铝合金和钛合金粉末,只能使用防爆吸尘器,若使用普通吸尘器,有燃爆风险。

十、关闭及清理机器

取出零件后,将软件关闭、电源关闭,断开机器总电后,关闭冷水机及保护气体,清理机器。

第二节　激光烧结/激光熔融 3D 打印机软件操作

双击电脑桌面的加工程序图标(比如 SLM),打开控制软件,界面如图 4.13 所示。

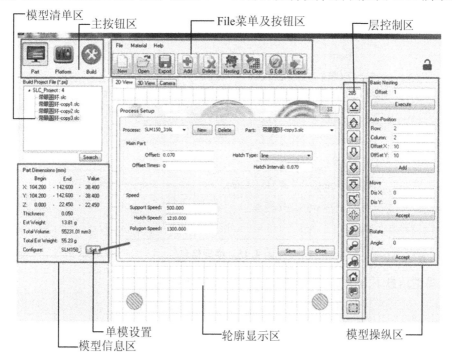

图 4.13　软件主界面

一、Part 界面

点击"主按钮区"的"Part"，即进入添加零件、设置参数界面。如图 4.14 所示。

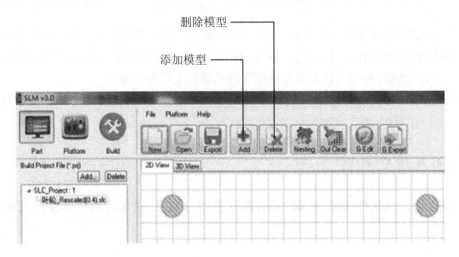

图 4.14　Part 界面

在模型清单区，单击模型名，可选中模型（如单击叶轮）。单击项目名称（如 SLC project1），可取消对所有模型的选择。

在轮廓显示区，双击模型，可选中模型；再次双击可取消选择。

在模型清单区，单击模型，其下方显示有关信息，如尺寸、层厚、体积等，如图 4.15 所示。

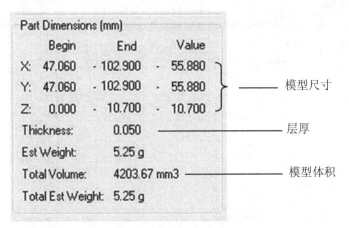

图 4.15　模型信息

点击模型信息下方的"SET"，进入如图 4.16 所示设置界面。

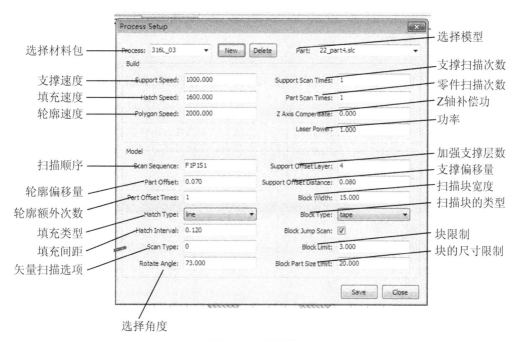

图 4.16　设置界面

File 菜单及按钮区,如图 4.17 所示。

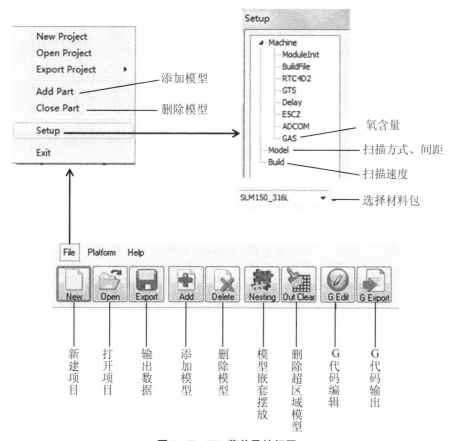

图 4.17　File 菜单及按钮区

二、Platform 界面

点击主按钮区的"Platform",进入激光控制、激光设置、刮板及供粉控制界面。如图 4.18所示。

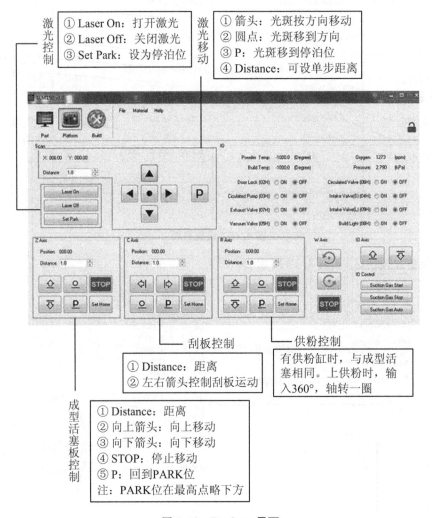

图 4.18　Platform 界面

三、Build 界面

点击主按钮区的"Build",即进入打印及打印控制界面。如图 4.19 所示。

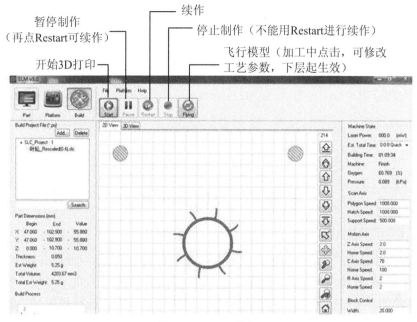

图 4.19　Build 界面

第三节　激光烧结/激光熔融 3D 打印机安全注意事项

一、避免激光灼伤

设备打印时,严禁将手伸到打印舱内,内有高功率激光,若不慎被激光照射,可能会灼伤皮肤。为了确保操作者的安全,设备已经自带了保护措施,正常情况下,当门打开时,门传感器会发出信号,自动关闭激光。严禁使用其他物体干扰门传感器,以及将头、手等身体部位伸进激光加工区域,以免造成意外伤害。

二、避免粉尘爆炸

开始打印前,切记要打开气体保护,避免原料粉末接触激光剧烈氧化。对于铝合金和钛合金,只能使用防爆吸尘器;若使用普通吸尘器,则有爆燃的风险。

三、保护气体压力要合适

置换阶段,气压值一般小于 2.5 Kpa。正常打印时,气压值一般维持在 0.4 Kpa。若气压差大于 0.3 Kpa,则说明滤芯过脏,需要清理。

气瓶所连接的减压器,属于专用产品,适用气体严格按其类型,不可混用,如氮气减压器只能用于氮气,氩气减压器只能用于氩气,否则,可能会造成意外事故。

第五章　常用建模软件

第一节　3D One 软件

3D One 软件是由广州中望龙腾软件股份有限公司研发的,是一款适合青少年的三维建模软件,其优点是:智能简易的 3D 设计功能,让创意轻松实现;合理的菜单栏功能分区设置,并提供人性化的菜单栏锁定功能,实现同类操作更加快速、流畅;选择搭配灵活的手柄,可直接编辑,最大限度地降低学习难度;还能一键输入 3D 打印机;内嵌社区的学习、教学相关资源,让青少年创客教育课程的开展更顺利。

下面以使用 3D One 软件建模一个水杯为例,讲述该软件的使用方法。

一、软件获取和安装

进入 3D One 软件官方主页,进入下载界面,点击"家庭版(免费)"即可下载。

打开应用程序包,双击后出现如图 5.1 所示的界面,如果默认安装路径就直接点击"立即安装",否则点击"自定义安装"。

图 5.1　软件安装界面

如果点击"自定义安装",进入如图 5.2 界面,可以自行选择安装路径。

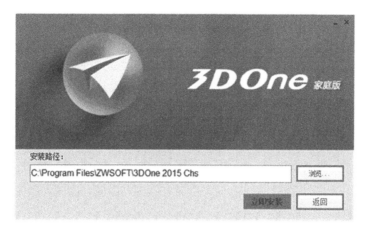

图 5.2　自定义安装界面

点击"立即安装",进入安装界面,待安装完成后,点击"立即体验",即可进入软件。

二、3D One 软件的界面

3D One 软件界面由 9 大部分组成,如图 5.3 所示。

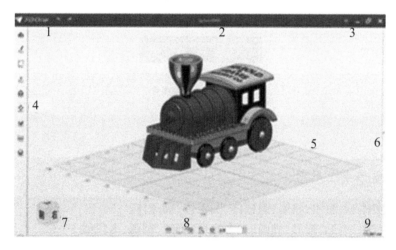

图 5.3　3D One 操作界面

（一）主菜单

主菜单界面如图 5.4 所示。

（1）新建:点击"新建",建立一个案例进行设计。

（2）本地磁盘:用于打开存储在本地磁盘中的案例,其默认格式是 ZI。

（3）输入:导入第三方格式,包括 Z3PRT、IGES、STP、STL 这 4 种格式。

（4）保存:保存编辑完成后的案例到本地磁盘和云盘,其默认格式是 ZI。

（5）另存为:把案例另存到另一个文件,默认格式是 ZI。

（6）输出:导出案例,导出格式支持 IGES、STP、STL、JPEG、PNG 以及 PDF。

（7）退出:对错误操作进行撤销、重做。

图 5.4　主菜单

（二）标题栏

标题栏用于显示当前编辑的案例名称。

（三）帮助和授权

帮助和授权界如图 5.5 所示。

（1）快速提示：提供快速提示以便进行下一步操作。

（2）许可管理器：打开许可管理器进行许可授权管理。

（3）关于：显示软件版权归属、版本号和用户目录等信息。

图 5.5　帮助和授权

（四）主要命令工具栏

（1）基本实体：六面体、球体、圆柱体、圆锥体、椭球体。

（2）绘制草图：矩形、圆形、椭圆、正多边形、直线、圆弧、多段线……

（3）编辑草图：圆角、倒角、单击裁剪、修剪/延伸……

（4）特征造型：拉伸、拔模、扫掠……

（5）特殊功能：曲线分割、实体分割、抽壳、圆柱折弯……

（6）基础编辑：移动、缩放、阵列、镜像……

（7）组合编辑：将不同的形状进行组合。

（8）测量距离：测量两点之间的距离。

（9）材质渲染：为材质加上渲染效果。

（五）平面网格

平面网格帮助用户进行位置确定，可以选择关闭或者显示。平面网格实现支持点捕捉，也就是可以在平面网格上取所需要定义的任何点，也可以在定义草图平面时，捕捉 3D 栅格的任意位置。

（六）案例资源库

案例资源库用于查看本地磁盘、社区精选和网络云盘的案例库,可直接调用各种现成的模型。

（七）视图导航

视图导航用于指示当前视图的朝向,多面骰子的 26 个面 3D One 均支持点击。如图 5.6 所示。

图 5.6　视图导航

（八）DA 工具条

DA 工具条界面如图 5.7 所示。

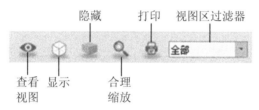

图 5.7　DA 工具条

（1）点击"查看视图",界面如图 5.8 所示。

图 5.8　查看视图

（2）点击"显示",界面如图 5.9 所示。

图 5.9　显示

（3）点击"隐藏",界面如图 5.10 所示。

图 5.10　显示和隐藏

（九）坐标值和单位展示框

即时显示当前鼠标相对于视图坐标的坐标值和单位信息。例如,在草图环境中,显示相

对当前草图原点的 X、Y 值，即原平台的 View ＞ Readout 功能。

三、3D One 软件的图形交互

（一）即时拖拽尺寸手柄

在命令执行过程中，可以在图形区直接拖拽箭头或输入相应数值，快速修改图形大小，如图 5.11 所示。

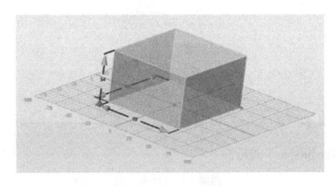

图 5.11　拖拽尺寸手柄

（二）移动旋转手柄

在移动几何图形时，可以直接拖动或旋转手柄，实现快速移动或翻转，如图 5.12 所示。

图 5.12　移动旋转手柄

（三）直接编辑

（1）选择后不释放鼠标拖拽编辑。用鼠标选择体、面、边后，不释放鼠标直接拖拽，可以直接移动该体。在此基础上，按住 Ctrl，则可以执行复制体后移动。

（2）选择草图的局部封闭区域。在草图操作界面中，若即时弹出屏显菜单/Minibar，用户可进行拉伸、旋转操作。同时，在该区域上会即时提供对应命令的 DDD 手柄。

（3）草图的直接编辑（仅作记录）。在草图内或在草图外，都可以选择草图的部分对象进行直接拖拽，修改草图形状。

四、3D One 软件的鼠标和键盘使用

（一）灵活的鼠标拾取

1. 直接选择

选择边后：即时弹出屏显菜单/Minibar，菜单提供圆角、倒角、拔模、对齐移动命令。边上即时附着半径 DDD 手柄，手柄提供默认值，用户可以即时拖拉修改。

选择面后：即时弹出屏显菜单/Minibar，菜单提供拉伸、面偏移、面移动、对齐移动材质命令，面上附着对应命令的 DDD 手柄。

选择体后：即时弹出屏显菜单/Minibar，菜单提供移动、缩放等功能。

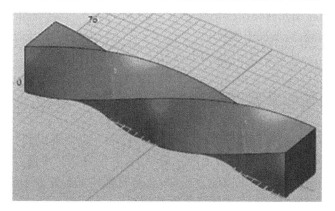

图 5.13　直接选择

2. 遮挡选择

对已有对象点击，既不释放鼠标，也不移动鼠标，则界面会提供此位置所有可以选择的对象类别，方便用户选择被遮挡的对象，这就是 Pick from list 功能。鼠标在某对象上停留 1s 后，会自动切换到 Pick from list 功能，在此时点击鼠标，系统也会自动提供该列表。如图 5.14 所示。

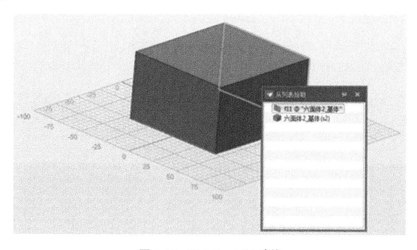

图 5.14　Pick from list 功能

（3）Shift Pick。

Shift Pick 边：选择相切的边。

Shift Pick 面：选择能形成一个可识别的特征面。

（4）Alt Pick。

用于选择该鼠标位置上第 2 个合法对象。

（5）默认可选对象类型

默认鼠标可选对象类型包括 All、Sketch、Curve、Edge、Face、Shape。

（二）快捷的键盘操作

（1）Ctrl＋C,Ctrl＋V：支持对体的复制和粘贴。

（2）Delete：支持零件环境对体对象、草图整体的直接删除；其他对象，如边、面不支持删除；支持草图环境内草图几何标注的删除。

（3）Ctrl＋方向键：实现视图旋转。

（4）Ctrl＋Home：对齐平面（Align Plane）。

五、3D One 软件的草图绘制

3D One 为了给用户们更好的体验，在草图绘制界面上也体现出其"智能"特性，3D One 软件的草图绘制界面并不是严格意义上的三维界面，它仅有 XY 平面，没有 XZ 平面和 YZ 平面，绘制草图时不再需要选择草图建立平面，而是将创建草图的命令隐藏至后台，直接点选现有平面即可，实现了"搭积木"式模型建立的功能。

（一）矩形

在"草图绘制"的子菜单中选择"矩形"，可以快速绘制一个给定长、宽的矩形，可通过菜单设定矩形两个相对点的坐标，也可通过拖动新增智能手柄来改变矩形的长和宽。如图 5.15所示。

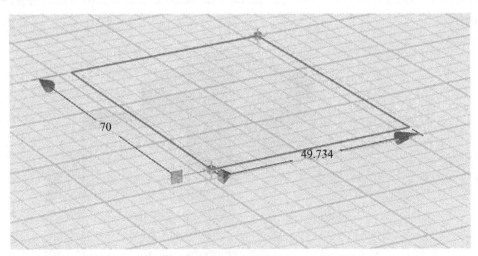

图 5.15　矩形

（二）圆形

在"草图绘制"的子菜单中选择"圆形"，可以快速绘制一个给定半径的圆形，可通过菜单设定圆形的圆心坐标和半径（或直径）的数值，也可通过拖动新增智能手柄来改变圆形的半径（或直径）。如图 5.16 所示。

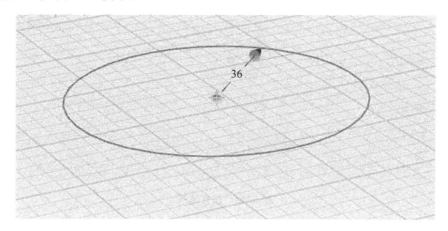

图 5.16　圆形

（三）椭圆形

在"草图绘制"的子菜单中选择"椭圆形"，可以快速绘制一个给定长轴、短轴的椭圆形，可通过菜单设定椭圆形的圆心坐标、横轴的角度、长轴和短轴的长度，也可通过拖动新增智能手柄来改变椭圆形横轴的角度、长轴和短轴的长度。如图 5.17 所示。

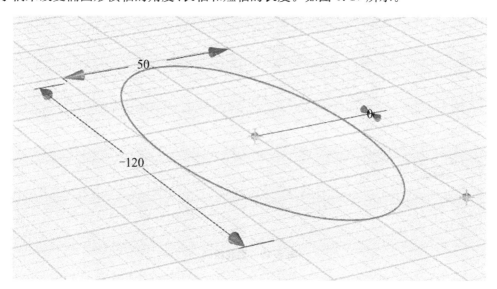

图 5.17　椭圆形

（四）正多边形

在"草图绘制"的子菜单中选择"正多边形"，可以快速绘制一个给定外接圆半径、边数的正多边形,可通过菜单设定正多边形外接圆的圆心坐标和半径、正多边形的边数、横轴的角度,也可通过拖动新增智能手柄来改变多边形外接圆的半径和横轴的角度。如图 5.18 所示。

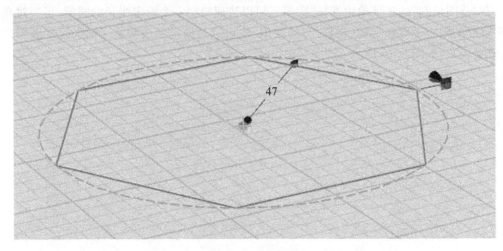

图 5.18　正多边形

（五）直线

在"草图绘制"的子菜单中选择"直线",可以快速绘制一条给定长度的直线,可通过菜单给定直线的长度、两点坐标值或一点坐标值。与其他大部分草图绘制命令不同的是,这个直线命令没有用来改变直线的智能手柄。如图 5.19 所示。

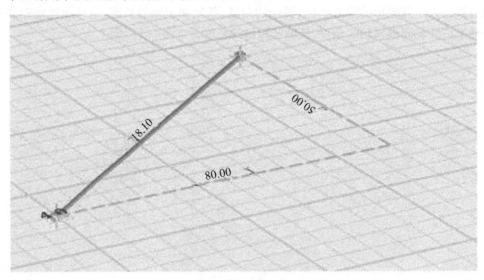

图 5.19　直线绘制

（六）圆弧

在"草图绘制"的子菜单中选择绘制"圆弧",可以快速绘制一个给定半径的圆弧,可通过菜单设定圆弧两个端点的坐标值和圆弧半径来确定圆弧。与其他大部分草图绘制命令不同的是,这个圆弧命令没有用来改变圆弧的智能手柄。如图 5.20 所示。

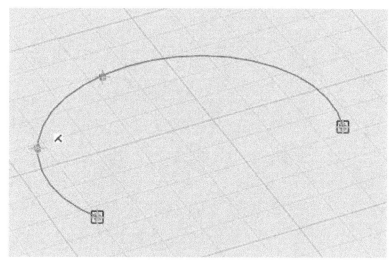

图 5.20　圆弧

（七）多段线

在"草图绘制"的子菜单中选择"多段线"，可以通过多点连续来绘制多段连续直线，此项命令没有菜单设定功能。多段线上的点均通过鼠标点选得到，若要修改多段线，只能通过鼠标拖拽直线实现。如图 5.21 所示。

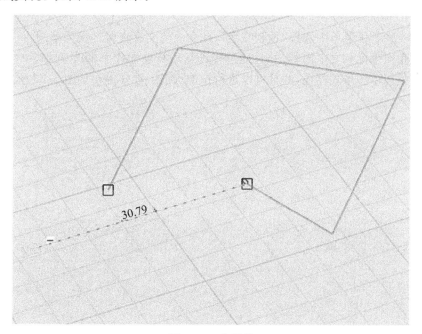

图 5.21　多段线

（八）样条曲线

在"草图绘制"的子菜单中选择"通过点绘制曲线"，可以通过连续点选来绘制样条曲线。通过菜单设定每个点的坐标，也可拖动新增智能手柄使每个点的切线、曲率半径、相切权重发生改变从而改变样条曲线的形状。如图 5.22 所示。

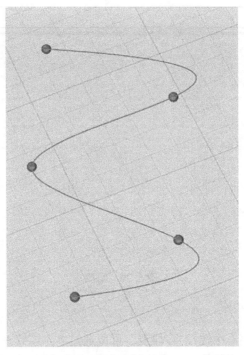

图 5.22　样条曲线

（九）预制文字

在"草图绘制"子菜单中选择"预制文字"，此命令将文字直接转换为草图，可通过菜单设定文字左下角点坐标和文字内容，并且通过拖动新增智能操作手柄改变文字的大小。此时得到的文字是以草图形式存在，并且可以进行拉伸、旋转、放样等。如图 5.23 所示。

图 5.23　预制文字

（十）参考几何体

在"草图绘制"的子菜单中选择"参考几何体"，此命令可以把零件或组件中的三维曲线投影到到草图平面中，变成二维曲线。先通过点选确定草图平面，再选择要投影的曲线，就可以将曲面投影到草图平面。如图 5.24 所示。

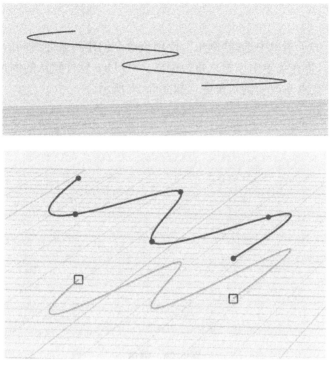

图 5. 24 参考几何体

六、3D One 软件的草图编辑

3D One 软件支持快速编辑草图,包括圆角、倒角、曲线的编辑等,下面将介绍相关操作。

(一) 圆角

在"草图编辑"的子菜单中选择"圆角",使用该命令可以创建两条曲线间的圆角,点选草图中两条不同的曲线后,再在菜单中设置圆角半径。圆角命令能够使草图的边角变得圆滑美观,更加贴合审美。如图 5. 25 所示。

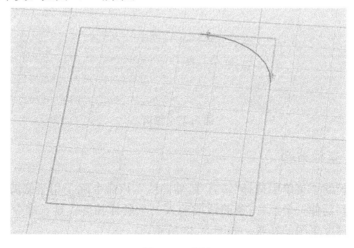

图 5. 25 圆角

（二）倒角

在"草图编辑"的子菜单中选择"倒角"，使用该命令创建两条曲线间的倒角，点选草图中两条不同的曲线后，再在菜单中设置直角边距离。3D One 软件默认的倒角参数为 45°，可通过拖动曲线与直角交点来改变倒角角度。如图 5.26 所示。

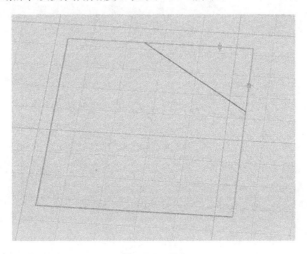

图 5.26　倒角

（三）修剪

在"草图编辑"的子菜单中选择"修剪"，修剪命令用于已选曲线段的自动修剪，可直接选择修剪线段，也可选择两点修剪其间线段。修剪命令在草图编辑中多用于复杂草图绘制时去掉多余的曲线。如图 5.27 所示。

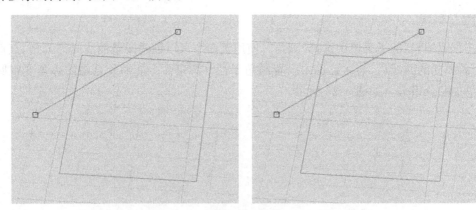

图 5.27　修剪

（四）修剪/延伸曲线

在"草图编辑"的子菜单中选择"修剪/延伸曲线"，该命令除了用于修剪/延伸线、弧或曲线外，还可以修剪/延伸一个点、一条曲线或输入一个延伸长度。延长命令多用于复杂草图的绘制或对修剪过度草图的补救。如图 5.28 所示。

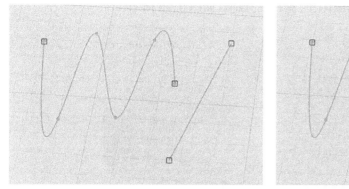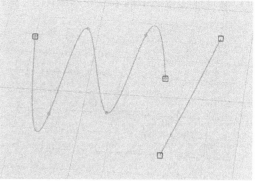

图 5.28　修剪/延伸曲线

（五）偏移曲线

在"草图编辑"的子菜单中选择"偏移曲线"，这个命令用于偏移并复制直线、弧或曲线，可以通过菜单设置偏移距离、偏移方向。偏移命令多用于完全复制草图中复杂曲线，并且偏移距离精确。如图 5.29 所示。

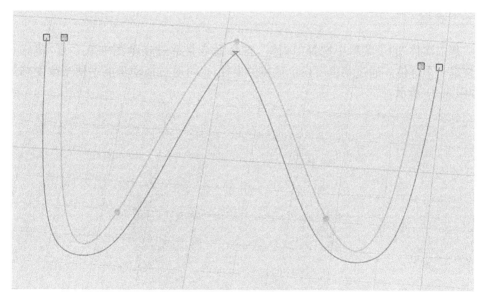

图 5.29　偏移曲线

七、3D One 软件的基本实体

3D One 软件提供直接运用的 3D 实体，只需要简单设置数据或进行拖动手柄等，就能设计出精彩复杂的作品，得到各种形状的 3D 实体。

（一）六面体

在"基本实体"的子菜单中选择"六面体"，六面体命令是通过在草图中取 3 点，即底面中心、长宽角点和高度角点，来绘制一个六面体。通过菜单可设定六面体长、宽、高的数值，也可以通过拖动智能手柄来改变六面体长、宽、高的数值,如图5.30所示。

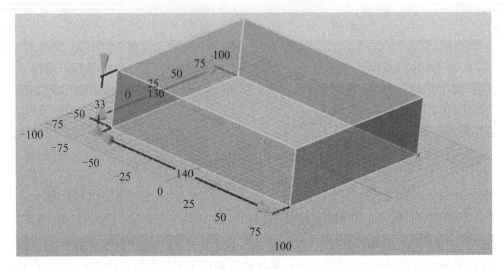

图5.30 六面体

（二）球体

在"基本实体"的子菜单中选择"球体",球体命令是通过在草图中取2点,即球心和半径,来绘制一个球体。通过菜单可设定球体的半径,也可通过拖动智能手柄来改变球体的半径。如图5.31所示。

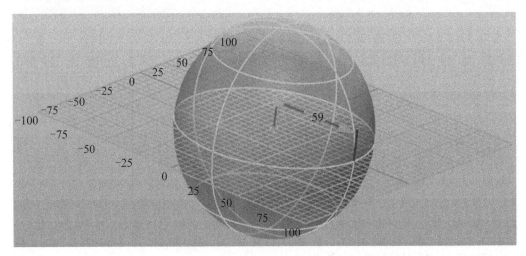

图5.31 球体

（三）圆柱体

在"基本实体"的子菜单中选择"圆柱体",圆柱体命令是通过取2点,即底面中心点和高度,来绘制一个圆柱体。通过菜单可设定圆柱体的中心点坐标、半径、高度,也可以拖动智能手柄来改变圆柱体的半径和高度。如图5.32所示。

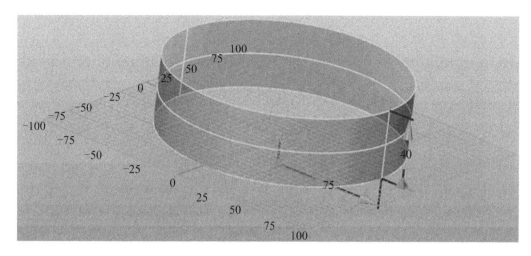

图 5.32　圆柱体

（四）圆锥体

在"基本实体"的子菜单中选择"圆锥体"，圆锥体命令是通过取 4 点，即底面中心点、底面半径、高度和顶面半径，从而绘制一个圆锥体或圆台。通过菜单可设定圆锥体的中心点坐标、底面半径、高度和顶面半径，也可以拖动新增智能手柄来改变圆锥体的底面半径、高度和顶面半径。如图 5.33 所示。

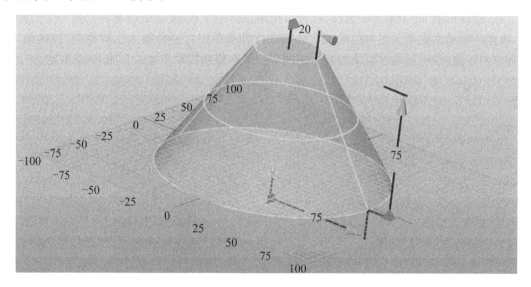

图 5.33　圆锥体

（五）椭球体

在"基本实体"的子菜单中选择"椭球体"，椭球体命令通过取 4 点，即中心点和 X、Y、Z 轴方向长度，从而绘制一个椭球体。大家可通过菜单设定椭球体的中心点坐标和 X、Y、Z 轴方向的长度，也可以拖动新增智能手柄来改变椭球体的 X、Y、Z 轴方向长度。如图 5.34 所示。

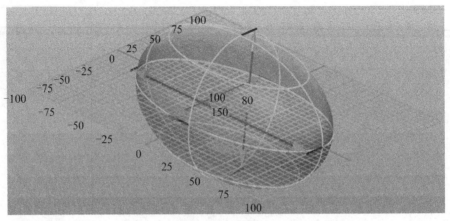

图 5.34　椭球体

八、3D One 软件的特征造型

3D One 软件在已有草图或造型的基础上,添加了新的 Minibar 功能,只需要点选需要设计造型的草图、线或面,就可在鼠标周围自动显示可行的造型特征图标以供选择,使用更加方便简明。

(一)拉伸

在"特征造型"的子菜单中选择"拉伸",使用拉伸命令前,要先通过草图创建一个拉伸特征,再把草图沿垂直草图方向拉伸成实体。在拉伸菜单中可手动输入拉伸距离、拔模角度、拉伸方向等值,也可以通过新增智能手柄调节拉伸距离和拔模角度。如图 5.35 所示。

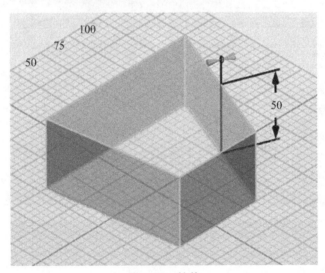

图 5.35　拉伸

(二)旋转

在"特征造型"的子菜单中选择"旋转",使用旋转命令之前,要先通过草图创建一个旋转特征,需要注意的是这个旋转特征的草图只能是旋转实体的一半图形,实质上旋转命令就是草图通过轴线旋转一圈或一定角度后,形成实体。如图 5.36 所示。

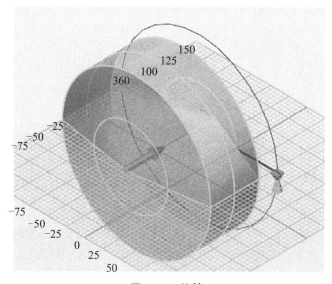

图 5.36　旋转

（三）扫掠

在"特征造型"的子菜单中选择"扫掠",扫掠命令用一个开放或闭合的轮廓和一条扫掠轨迹,创建简单或变化的扫掠,实质上就是一个草图轮廓沿着一条路径移动形成实体。与拉伸命令不同的是,扫掠的路径可以是曲线,而拉伸只能沿着直线拉伸。在扫掠菜单中选择扫掠轮廓和扫掠路径即可得到扫掠实体。如图 5.37 所示。

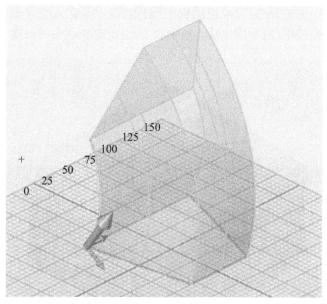

图 5.37　扫掠

（四）放样

在"特征造型"的子菜单中选择"放样",放样命令是通过连接多个封闭轮廓构成封闭实体。选择轮廓时多个轮廓要依次选择，并在选择时注意各轮廓的起始点、连接线，避免放样出来的实体与预期造型相差甚远。如图 5.38 所示。

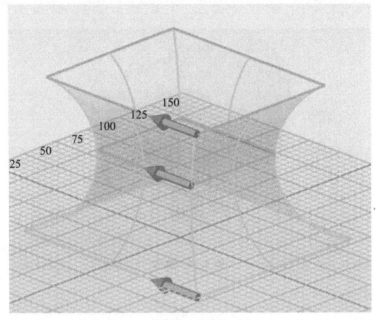

图 5.38　放样

（五）圆角

在"特征造型"的子菜单中选择"圆角"，此命令与草图编辑中"圆角"命令不同，它是在已有三维造型的边线上创建圆角，而草图编辑中"圆角"命令是在二维草图中创建两条曲线之间的圆角。在三维造型中，造型的优缺点更加直观，此时创建圆角可以美化造型。如图 5.39 所示。

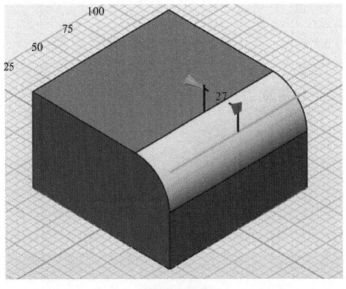

图 5.39　圆角

（六）倒角

在"特征造型"的子菜单中选择"倒角"，倒角命令与上一个圆角命令相类似，也是在已有三维造型的边线上创建倒角，如图 5.40 所示。

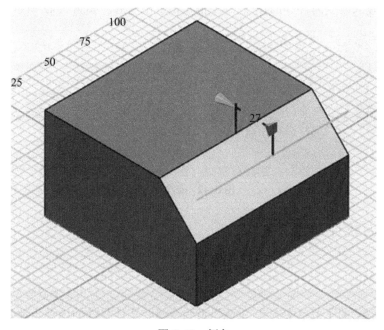

图 5.40　倒角

（七）拔模

在"特征造型"的子菜单中选择"拔模"，使用拔模命令单独选择一个边进行拔模时，只需要在拔模菜单中输入拔模角度并选定拔模方向即可。如图 5.41 所示。

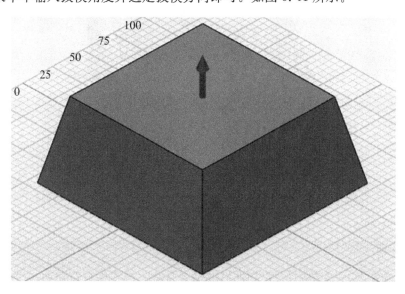

图 5.41　拔模

（八）点变形

在"特征造型"的子菜单中选择"点变形",点变形命令可通过某一点来使造型变形,达到一种"泥捏"的效果。通过鼠标点选造型表面任意一点作为变形点,变形的方向与距离都是可以通过菜单输入改变的,也可通过三维手柄实现造型变形。如图 5.42 所示。

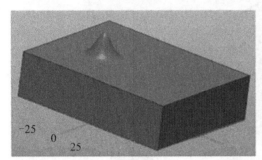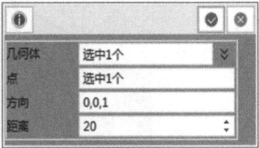

图 5.42　点变形

九、3D One 软件的特殊功能

（一）抽壳

在"特殊功能"的子菜单中选择"抽壳",此命令是将实体零件的内部全部去掉,仅留下外围的壳,菜单中厚度一栏值为正的时候,壁厚向零件外部伸展;当值为负的时候,壁厚向零件内部伸展,开放面为零件的开口面。如图 5.43 所示。

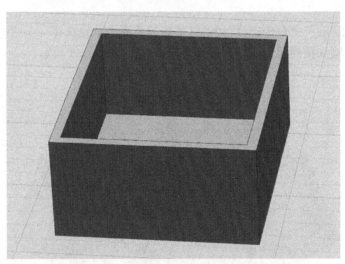

图 5.43　抽壳

（二）扭曲

在"特殊功能"的子菜单中选择"扭曲",此命令是将一个零件自行扭曲一个角度,类似拧麻花,在菜单中可调节扭转的范围及角度,从而得到不同的扭曲效果,多用于长方体零件。如图 5.44 所示。

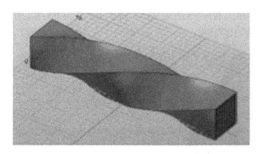
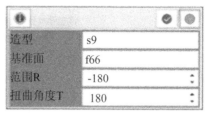

图 5.44　扭曲

（三）圆环折弯

在"特殊功能"的子菜单中选择"圆环折弯"，此命令在弯曲的基础上将零件变形成环形，类似将一段圆管截下一部分再进行弯曲变形，零件的环形度和弯曲度都是可以用半径或角度表示的。如图 5.45 所示。

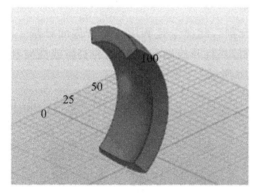

图 5.45　圆环折弯

（四）浮雕

在"特殊功能"的子菜单中选择"浮雕"，此命令在曲面上将图片转变成立体的浮雕造型，菜单中可调节浮雕的最大偏移量及图片的宽度。如图 5.46 所示。

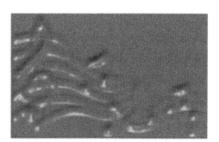

图 5.46　浮雕

（五）镶嵌曲线

在"特殊功能"的子菜单中选择"镶嵌曲线"，此命令可在曲面上将曲线轮廓拉伸成实体。与普通拉伸命令不同的是，镶嵌曲线命令中的拉伸曲线是在曲面上的，而普通拉伸命令中拉伸曲线是在平面中的,菜单中如果不选择拉伸方向,则系统默认垂直曲面拉伸,此命令可与投影命令配合使用。如图 5.47 所示。

图 5.47　镶嵌曲线

（六）实体分割

在"特殊功能"的子菜单中选择"实体分割",此命令是利用一个开放面分割一个实体或面,使用命令的前提是有被分割的实体或面,并且开放面与被分割的实体或面要相交,分割成功后形成两个实体或者开放面,如图 5.48 所示。

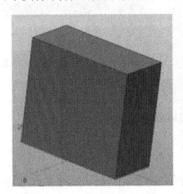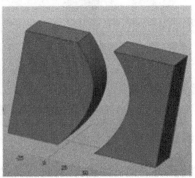

图 5.48　实体分割

（七）圆柱折弯

在"特殊功能"的子菜单中选择"圆柱折弯",此命令可使零件弯曲,类似将钢尺中间固定住,用手压两端得到一个零件,但零件的弯曲度是一个圆柱,在菜单中可修改半径值或角度值。如图 5.49 所示。

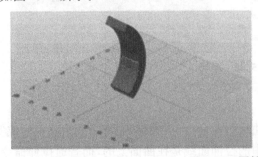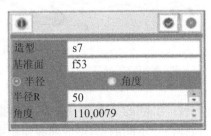

图 5.49　圆柱折弯

（八）锥削

在"特殊功能"的子菜单中选择"锥削"，此命令将改变一个面与另一个面的角度，多用于长方体零件，可在菜单中修改锥形的范围及锥削因子。如图 5.50 所示。

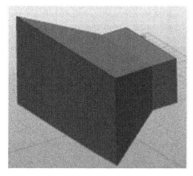
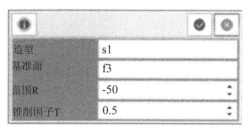

图 5.50　锥削

十、3D One 软件的基本编辑

（一）移动

在"基本编辑"的子菜单中选择"移动"，此命令可将零件从一点移动到另一点，此处的移动不仅仅指沿轴线平移，还包括沿轴线旋转，并且平移量和旋转量可使用三维手柄进行拖动、输入调节。如图 5.51 所示。

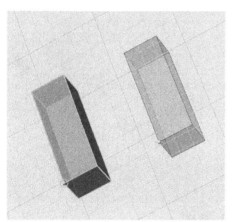
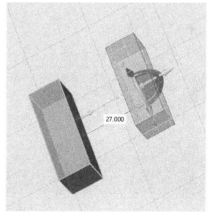

图 5.51　移动

（二）缩放

在"基本编辑"的子菜单中选择"缩放"，此命令可修改选中的零件的比例，进行放大或缩小，在菜单中可修改缩放比例且可重新定位缩放过的新零件。如图 5.52 所示。

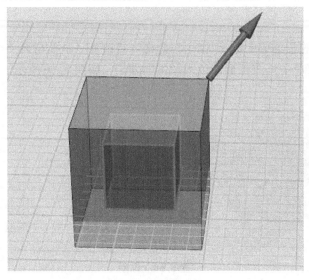

图 5.52　缩放

（三）阵列

在"基本编辑"的子菜单中选择"阵列"，此命令可使零件按照一定方式复制摆放，阵列形式包括线性阵列和圆形阵列。线性阵列中，零件按照两个相互垂直的方向复制摆放，在菜单中可以设置每个方向复制的数目及每个零件的间距；圆形阵列中，零件围绕一根轴按一定半径旋转复制摆放，在菜单中可以设置旋转轴、复制的数目和旋转角度。如图 5.53 所示。

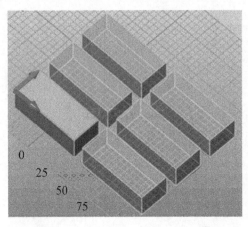 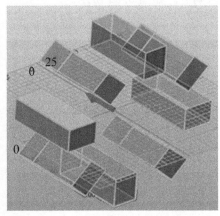

图 5.53　阵列

（四）镜像

在"基本编辑"的子菜单中选择"镜像"，此命令可使零件通过一条线或者面呈现出与之对称的造型，镜像后的零件与原零件无关联，可随意拖拽。如图 5.54 所示。

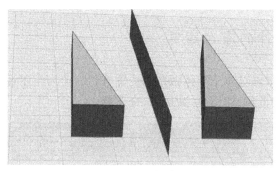

图 5.54　镜像

（五）DE 移动

在"基本编辑"的子菜单中选择"DE 移动"，此命令可使实体面移动，从而改变零件的形状。选定偏移面后，通过拖动三维手柄来实现面的平移或旋转，也可通过在菜单中输入数值来改变平移量或旋转量。如图 5.55 所示。

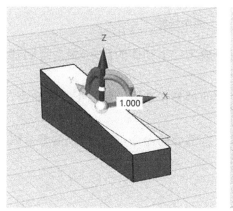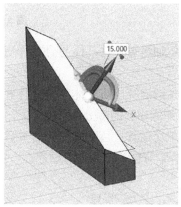

图 5.55　DE 移动

（六）对齐移动

在"基本编辑"的子菜单中选择"对齐移动"，此命令含有重合、相切、同心、平行、垂直、角度 6 种临时约束，可实现基体与基体之间的临时关系，但不是永久约束。临时对齐菜单如图 5.56(a)所示，可任选其一。图 5.56(b)中立方体与圆柱体上表面以两种形式重合：共面和相反。从重合面的箭头方向可判断出共面或相反。

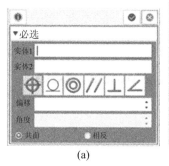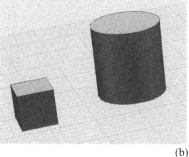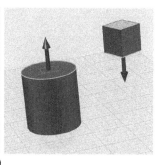

(a)　　　　　　　　　　　　　　　　　　　(b)

图 5.56　对齐移动

十一、3D One 软件的布尔运算

选择"布尔运算",可以对多个基体做布尔运算,图 5.57 为布尔运算菜单对话框,在此菜单中可选择布尔运算的形式:加运算、减运算、交运算。

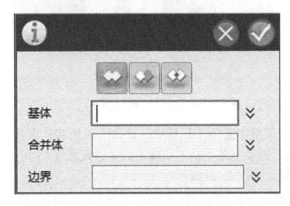

图 5.57　布尔运算

(1) 布尔加运算。将基体与合并体融合成为一个基体的命令,最后得到基体与合并体的并集。

(2) 布尔减运算。将基体与合并体相交的部分在基体上切除下来的命令,最后得到基体中不与合并体相交的部分。

(3) 布尔交运算。留下基体与合并体重合部分的命令,最后得到的是基体与合并体的交集,并且基体与合并体无先后顺序。

十二、水杯建模步骤

(1) 点击"绘制草图"—"矩形",单击网格面作为绘图平面,绘制 50 mm * 50 mm 的矩形,完成草图绘制。如图 5.58 和图 5.59 所示。

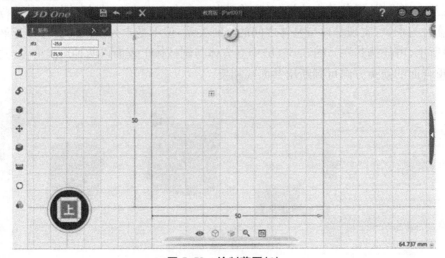

图 5.58　绘制草图(1)

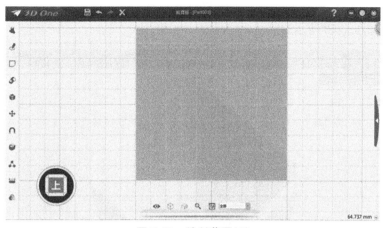

图 5.59　绘制草图(2)

（2）点击"特征造型"—"拉伸"，点击"尺寸数字"，输入拉伸高度为 65 mm，拔模角度 5°。如图 5.60 所示。

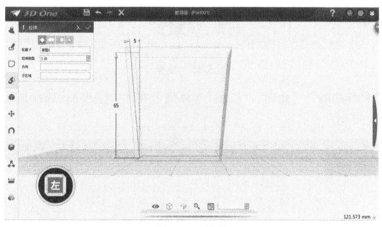

图 5.60　拉伸

（3）点击"特征造型"—"圆角"，选择"四条边线"—"尺寸数字"，输入倒圆角半径为 10 mm，如图 5.61 所示。

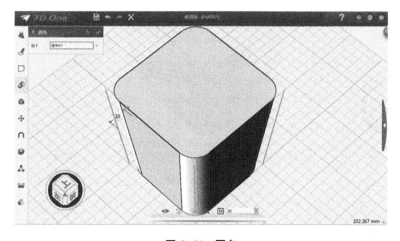

图 5.61　圆角

（4）点击"特殊功能"—"抽壳"，"造型S"选择整个实体，"厚度T"输入"－3.5"，"开方面O"选择顶面；如图5.62所示。

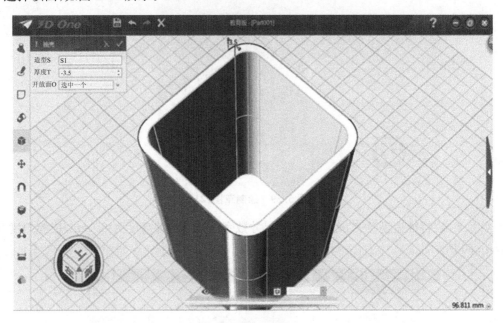

图 5.62　抽壳

（5）点击"特殊功能"—"扭曲"，"造型"选择整个实体，"基准面"选择顶部平面，其余默认参数，如图5.63所示。

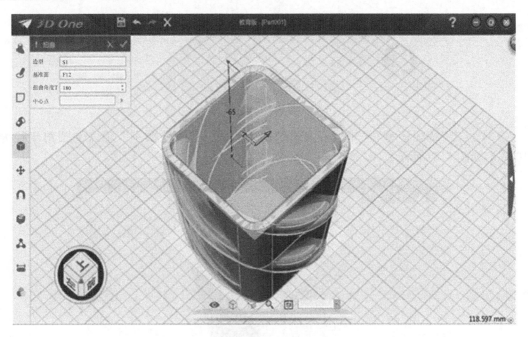

图 5.63　扭曲

（6）点击"绘制草图"—"曲线"，将鼠标放置于杯口其中一边的终点位置，单击选择绘图平面，通过选择多个点位，绘制一条曲线（曲线的起点及终点处于杯体内部），完成草图绘制，如图 5.64 和图 5.65 所示。

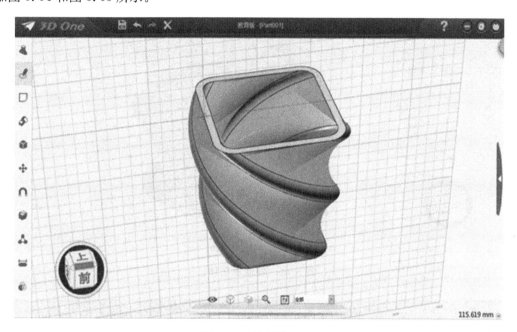

图 5.64　绘制草图(3)

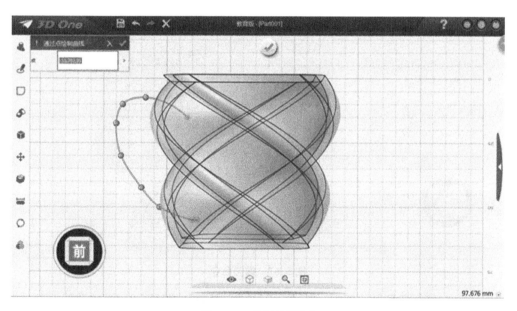

图 5.65　绘制草图(4)

（7）点击"绘制草图"—"椭圆"，将鼠标放置曲线任意位置上，单击选择绘制平面并绘制长半轴为 13 mm、短半轴为 5 mm 的椭圆，完成草图绘制，如图 5.66 和图 5.67 所示。

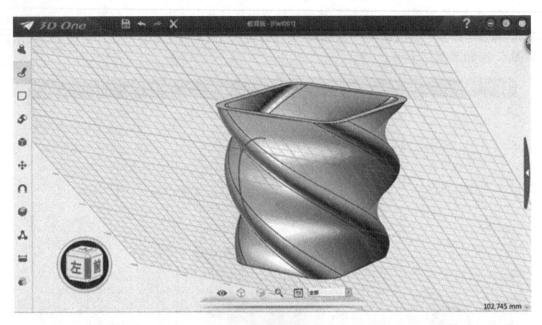

图 5.66　绘制草图(5)

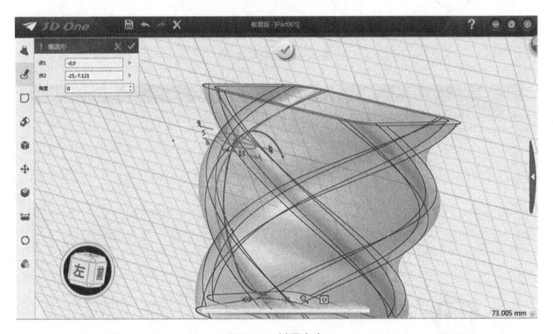

图 5.67　椭圆命令

（8）点击"特征造型"—"扫掠"，"轮廓 P1"选择"椭圆"，"路径 P2"选择"曲线"，其他参数默认，扫掠出水杯把手，如图 5.68 所示。

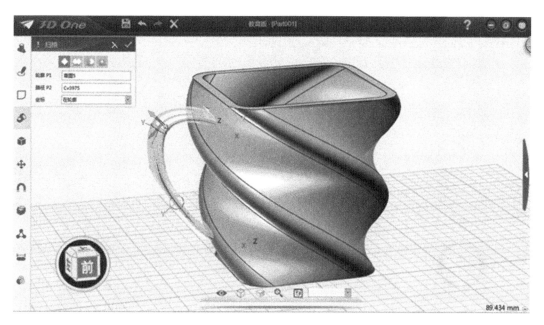

图 5.68　扫掠

（9）点击"组合命令"—"加运算"，"基体"选择杯体，"合并体"选择水杯把手，"边界"选择外侧二者相交的位置，如图 5.69 所示。

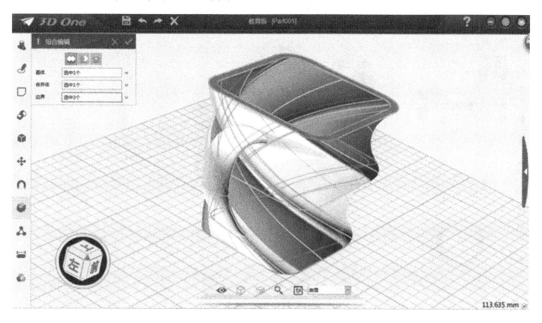

图 5.69　加运算

（10）最终实体模型如图 5.70 所示。

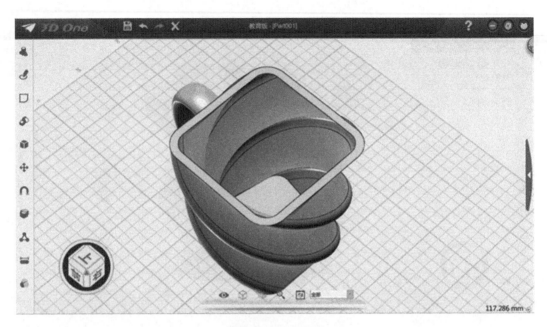

图 5.70　绘制成品

（11）点击"颜色"，对最终的实体进行上色，创造一个个性化的水杯，如图 5.71 所示。

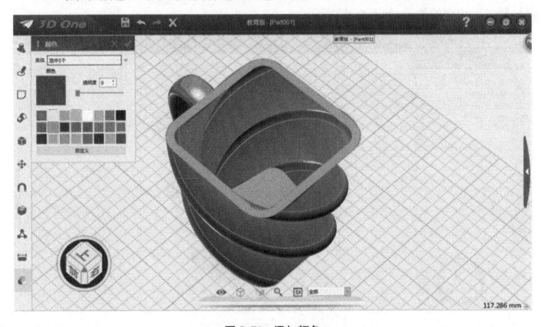

图 5.71　添加颜色

第二节　其他建模软件

　　草图大师(SketchUp)软件是一套以简单易用著称的 3D 绘图软件,Google 公司于 2006 年 3 月 14 日收购该软件。草图大师软件是一个表面上极为简单,实际上却蕴含着强大功能的构思与表达的工具,该软件可以极其快速和方便地对三维创意进行创建、观察和修改。传统铅笔草图的优雅自如、现代数字科技的速度与弹性,通过该软件得到了完美结合。草图大师软件与通常过多地让设计过程去配合软件的方式完全不同,它是专门为配合设计过程而研发的。在设计过程中,人们通常习惯从不十分精确的尺度、比例开始整体的思考,随着思路的进展不断添加细节。CAD 软件在设计结束后很难再反复修改,而草图大师软件可以根据设计目标,可以随时修改整个设计过程中出现的各种问题,且贯穿整个项目的始终。

一、SketchUp 软件的操作界面与绘图环境设置

（一）操作界面

　　主要包括:菜单栏、工具栏、状态栏、数值输入栏。

　　（1）工具栏的调出。点击"查看"—"工具栏",可以打开或关闭工具条,图中的工具条为大工具栏和标准工具栏,如图 5.72 所示。

　　（2）在屏幕中,三条线分别代表 X、Y、Z 轴,如图 5.72 所示。

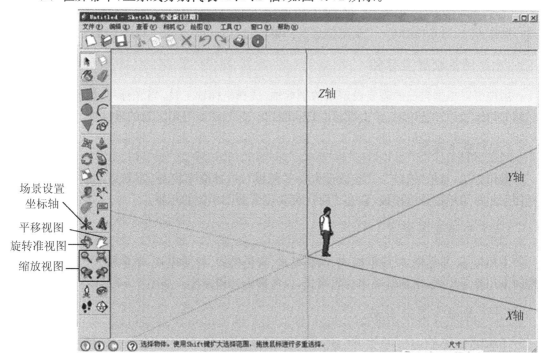

图 5.72　SketchUp 界面

（二）视图切换

主要包括：透视图、顶视图、前视图、左视图、后视图、右视图，如图 5.73 所示。其中，轴测图和透视图的切换方式是：点击"相机"—"透视显示"。

图 5.73　视图切换

（三）旋转三维视图

快捷键：按住鼠标中键不放，可以转动视图，但是相机机身不会改变；按住"Ctrl＋鼠标中键"，可以转动视图，相机机身也会转变。

（四）平移视图

快捷键：Shift＋鼠标中键。

（五）缩放视图

主要包括：缩放、充满视窗、上一个视图、下一个视图。
快捷键：滚动鼠标中键，向下滚动缩小，向上滚动放大。

（六）单位设置

操作方法：点击"窗口"—"模型信息"—"单位"。

（七）场景设置坐标轴

用户可以根据自己的需要设定新的坐标轴，选择坐标轴工具，当光标移动到需要设置坐标轴的物体表面并选中时，单击鼠标左键，再拉出 X、Y 轴即可定义新的坐标轴。

（八）使用模板

操作方法：点击"窗口"—"参数设置"—"模板"，选择毫米模板，重新启动软件就可以一直使用此常用单位作为模板，省去了每次都要设置绘图单位的步骤。

（九）六种显示模式

主要包括：X 光模式、线框模式、消影模式、着色模式、材质模式、单色模式。一般建议建模时采用着色模式，出图时采用材质模式，以免影响建模速度。如图 5.74 所示。

（十）绘制与显示剖面

主要包括：绘制剖面、显示/隐藏剖切、显示/隐藏剖面。
（1）移动剖面：选择剖面之后用移动工具便可移动剖面。

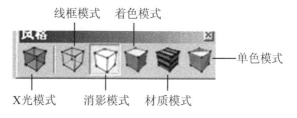

图 5.74　显示模式

（2）对齐到视图：将剖切面正对作图者。

（3）剖面线颜色调整：点击"窗口"—"场景信息"—"剖面"。

（十一）图层管理

（1）SketchUp 软件的图层功能与 CAD 软件的相似，当在 SketchUp 软件中导入 CAD 图形时，CAD 图的图层同时导入。

（2）可以增加、删除、重命名、隐藏图层（当前图层不能隐藏，layer0 层不能修改图层名称，如图 5.75 所示）。

（3）物体所在图层信息可以通过右键菜单的实体信息参看、更改。

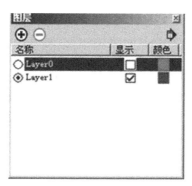

图 5.75　图层对话框

（十二）背景与天空

操作过程：点击"窗口"—"风格"—"编辑"—"天空"。

（十三）边线效果

操作过程：点击"窗口"—"风格"。如图 5.76 所示。

注意：建模时一般不建议选择多重的边线效果，否则会影响作图速度，出图时再根据需要设置。

（十四）一般选择

（1）ENTER：快捷键。

（2）Ctrl：加选模式。

（3）Shift：加减模式。

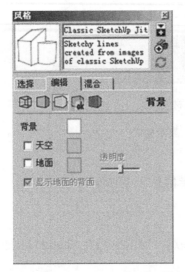

图 5.76　风格对话框

（4）Ctrl＋Shift：减选模式。

（5）Ctrl＋A：全选。

（6）屏幕空白处点击：取消选择。

（十五）框选与叉选

（1）框选：从屏幕左侧向右侧拉一个框，完全框进去的物体才被选择。

（2）叉选：从屏幕右侧向左侧拉一个框，只要被碰到的物体就被选择。

（十六）扩展选择

（1）光标单击面：选中面。

（2）光标双击面：选中面及关联边线。

（3）光标三击面：选中面及其关联的面。

以上扩展选择也可以通过右键菜单来完成，如图 5.77 所示。

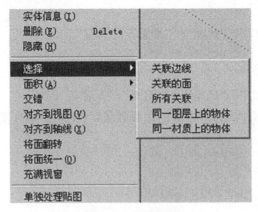

图 5.77　扩展选择

（十七）设置地理位置

操作过程：点击"窗口"—"模型信息"—"位置"。设置阴影之前必须进行地理位置的设置，如图 5.78 所示。

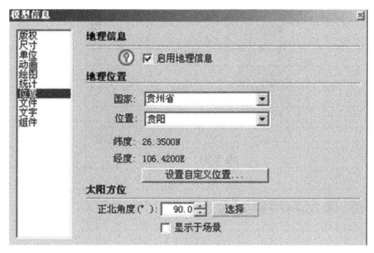

图 5.78 设置地理位置

（十八）阴影设置

操作过程：点击"查看"—"工具栏"—"阴影"，调出阴影工具条，如图 5.79 和图 5.80 所示。

图 5.79 阴影设置工具条

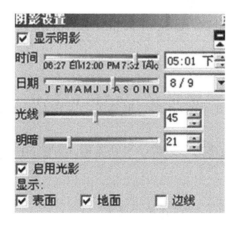

图 5.80 阴影设置对话框

注意：为了提高绘图速度，可在图形完成后打开阴影。

（十九）物体的投影与受影设置

（1）设置之前必须要让构成实体的面成组，否则将不会出现投影和受影选项。

（2）设置路径：点击"快捷菜单"—"实体信息"。如图5.81所示。

图 5.81　实体信息

二、基础建模、修改和编辑对象

（一）绘制矩形

（1）使用两个对角点拉出矩形。

（2）使用输入"长、宽"的方式绘制精度的矩形。

（3）绘制非 XY 平面上的平面，最后将视图转向平面的正面。

（二）绘制直线

（1）配合"Shift"键可以任意锁定 X、Y、Z 轴方向。

（2）画线时自动默认捕捉"端点""中点""交点""垂点"，并且自动进行追踪。

（3）画线时，选定方向后可以输入长度，即可生成指定方向与距离的直线。

（4）结束绘制直线，按"Esc"键。

（5）相交直线之间互相分割，直线和平面相交也互相分割（5.0版本中，相交时，若交线出头则不分割）。

（三）绘制圆

（1）圆是以正多边形来显示的，正多边形越多之后导入 max 或其他软件时速度就会越慢，所以要控制其数量。

（2）输入"边数"，来确定多边形边数（5.0版本输入方法：在数量后面加一个"s"）。

（四）绘制圆弧

（1）通过"起点""端点""中点"三点确定圆弧。

（2）绘制与已知线段相切的圆弧，先捕捉直线的一个端点，拖出圆弧，当圆弧为绿色时表示与直线相切。

（五）绘制正多边形

当正多边形的边数达到一定数量的时候，就会形成一个圆。

（1）输入"边数"，来确定多边形边数（5.0 版本输入方法：在数量后面加一个"s"）。

（2）输入半径完成多边形。

（六）测量辅助线

（1）具有测量的功能，可以测量两个点之间的距离。

（2）可以按照指定距离定位辅助线。

（3）点击"编辑"—"删除辅助线"或选中辅助线后，点击右键，可以选择"隐藏""显示"或"删除"辅助线。

（七）量角器

（1）量角器具有测量的功能，可以测量空间的角度。

（2）可以按照指定角度定位辅助线。

（八）设置标注样式

在"窗口"—"模型信息"—"尺寸"中进行样式的设置。

（九）尺寸标注

用两点拖出标注。

（十）文本标注

文本标注分为系统标注和用户标注：系统标注自动生成，用户标注是在标注的时候输入文字。文本标注可以智能地在点击处进行分析，生成相应的标注内容。主要有两种方式：① 点击拖出标注；② 直接双击物体就地标注。

（十一）修改标注

尺寸标注只能修改文字，文字标注可以修改文字、箭头、引线。主要有两种方式：① 双击标注的文字进行修改；② 选择标注，右击快捷菜单中相关参数进行修改。

（十二）实体信息

（1）操作方式：点击"选择物体"—"右键"—"实体信息"或"窗口"—"实体信息"。

（2）可以更改物体的属性（几何关系、图层）。

（十三）移动和复制物体

（1）移动物体时，按住"Ctrl"键，就可实现复制功能。

（2）使用捕捉的方式精确移动物体。

（3）输入具体长度来移动物体。

（4）多重复制：复制物体时先输入距离，再输入个数，可以一次复制多个物体。

（十四）偏移物体

所偏移的物体一定是在一个平面中的两条或两条以上相交的直线。

（十五）缩放

有等分缩放和单个轴向缩放两种方式。

（十六）旋转物体

操作方式：选择物体—指定旋转基点—输入旋转角度。

（十七）等分物体

操作方式：选择直线—右键菜单—输入等分数。

（十八）交错

当把两个以上的实体放在一起时，系统不会自动生成截交线，需要通过模型交错命令生成。
操作方法：选中需要交错的实体或实体的部分区域—右键，"交错"，其中"模型交错"指所选对象关联的实体进行交错，"对象交错"指仅所选对象间进行交错。

三、基本建模

（一）SketchUp建模是以"面"为核心

（1）在同一平面中的封闭线性物体自动生成"面"。

（2）面的正反之分，在SketchUp软件中区别不大，但当导入max时就非常重要。默认白色为正面，蓝色为反面。

（3）面的翻转与统一：选择面—右键"将面翻转"或"将面统一"。

（二）二维生成三维的主要工具

（1）推/拉建模。推拉工具是三维生成中的一个最为重要的途径，它只能在一个方向上移动（面的移动可以在任何方向上移动），推拉时按住"Ctrl"键不放，可以进行面的推拉复制。

（2）路径跟随（放样）。将界面沿着路径移动，路径可以是曲线的，也可以是表面的。当是表面时，要按住"Alt"键。

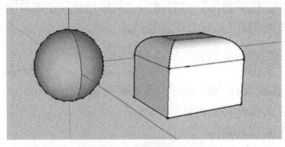

图5.81　路径跟随（平面）

（三）群组

群组创建原则：少建不如多建，晚建不如早建。

（1）群组的意义。

在三维建模中，将一系列相关的物体组合在一起，形成一个群组，方便管理与作图。

（2）群组的创立。

操作方式：选择物体—右键—"创建群组"。

（3）群组的操作。

操作方式：双击"群组"或"编辑""群组"—"编辑群组"，可以进入群组编辑状态；修改完成后，在屏幕空白处单击鼠标左键，即可退出群组编辑。群组右键菜单中可以选择"解除组合""锁定""解锁"等。

（4）群组的嵌套：与制作群组的方法一样。

（5）创建组件：创建过程同群组，以后可以调用。

（6）组件的导入与导出。

① 导出组件。选择组件—右键—"另存为"—"skp"格式，保存外部文件，即可供其他文件使用。

② 导入组件。使用"组件浏览器"—"窗口"—"组件"—"打开或创建你的本地收藏夹"，加载组件。

③ 组件库的使用。官方组件库：选中安装在默认目录（C:program file/google/SketchUp 7/components)中。

（四）材质与贴图

（1）使用"材质浏览器"赋予材质。

① 在材质库中选择一个材质。

② 将此材质赋予相应的物体。

（2）调整材库。

① 点击"模型中"，将场景中已经存在的材质进行编辑。

② 更改材质名称，以便进入 Max、Lightscape、Art-lantis 渲染器后方便调整。

③ 调节颜色。

④ 调节明亮。

⑤ 贴图与贴图坐标。

⑥ 不透明度的调整。

（3）使用材质生成器生成新的材质。

材质生成器使用方法：

① 随意拖动一个 jpg 或 bmp 文件到软件"path"的输入框，将自动把同目录下的所有 jpg、bmp 文件添加到列表中。当然，也可以单击"path"指定目录。

② 点击"save"，选好路径，给 skm 文件命名，然后点击"确定"，一个材质库文件就生成了。

注意：

① skm 文件拷贝到 SketchUp 安装目录下的 Library 目录中即可正常使用。图片文件可以在本地硬盘上的任意位置。这样方便与多个程序，如 3dmax 等共享贴图资源。

② 贴图的大小,是按照 pix×pix 的方式设置的。所以,如果你的场景单位为 mm,那么一个 20×20 的贴图,就按照 20 mm×20 mm 的大小平铺。如果场景并不合适,可自行在赋予材质之后调整。因为贴图的大小无法统一,所以这是在保持图片原有比例基础上的最佳办法。

③ 考虑到程序的大小、易用性等情况,该软件目前只支持 jpg 和 bmp 格式的贴图。

④ 制作完 skm 文件后,退出程序时,有时会出现"runtime error",但不影响该文件的使用。

⑤ 透明度等相关设置,请在进入 SketchUp 软件之后修改。因为没有统一的方式,可采取多种用法。

⑥ 默认值分别为 2、1 的两个输入框,是 skm 文件的头两行,涉及材质库的排序。不会出现特别的问题,使用者可修改。

四、相机的位置及动画

(一)设置相机的位置与方向

(1)站点、视高确定。

(2)站点、目标点、视高确定。

(二)相机的绕轴旋转

(1)按住鼠标左键可以绕轴进行上下左右旋转,机身位置不变。

(2)缩放工具可以使相机前进或者后退。

(三)快速移动

(1)设置视高。

(2)按住鼠标左键移动:上移进入、下移推出、左移向左、右移向右,按住 Ctrl 键可以加速移动的速度。

(3)快速移动过程中同样可以使用相机绕轴旋转命令调节视线。

(4)漫游功能只对动画有效。

(四)垂直移动和横向移动

漫游时按住"Shift"键不放,可以改变视点高度,使其垂直或横向移动。

(五)创建页面

操作方式:点击"查看"—"动画"—"添加场景",超过一个页面时,可以在前一个页面上单击鼠标右键,选择"添加"或"删除"。

(六)页面的设置与修改

(1)单击鼠标右键,选择"场景管理",可以修改页面的名称、左移、右移、更新等。

(2)"查看"—"动画"—"演示设置"里可以设置动画的播放速度。

(七)导出动画

操作方式:"文件"—"导出"—"动画",弹出导出对话框,设置选项,"导出"即可。

（八）图层动画

SketchUp 软件中的动画只能移动视点，不能移动物体，所以要使物体移动只能做成图层动画。例如，使汽车沿着马路移动，需要复制汽车若干，建立相应的图层，将汽车分别放于不同的图层之中。

除了上述的 3D 建模软件，还有 3ds Max、AutoCAD、Blender、Mudbox、Rhino3D、ZBrush、CATIA、Fusion 360、Inventor、Solidworks、Onshape、123D Design、Photoshop CC、3D Slash、SculptGL、TinkerCAD、Meshmixer、FreeCAD、Moment of Inspiration（MoI）、OpenSCAD、Sculptris、UG NX caxa、中望 3D 等。

第六章　三　维　扫　描

　　三维扫描仪,也称为三维立体扫描仪、3D扫描仪,是融合光、机、电和计算机技术于一体的高科技产品,主要用于获取物体外表面的三维坐标及物体的三维数字化模型。该设备不但可用于产品的逆向工程、三维检测等领域,而且随着三维扫描技术的不断深入发展,诸如三维影视动画、数字化展览馆、服装量身定制、计算机虚拟现实仿真与可视化等越来越多的行业也开始运用三维扫描仪这一便捷的手段来创建实物的数字化模型。通过非接触式三维扫描仪扫描实物模型,得到实物表面精确的三维点云数据,最终生成实物的数字模型,而且速度快、精度高,几乎可以完美地复制现实世界中的任何物体,以数字化的形式逼真地重现现实世界。

　　三维扫描仪收集到的数据常被用来进行三维重建计算,在虚拟世界中创建实际物体的数字模型。这些模型具有广泛的用途,在工业设计、瑕疵检测、逆向工程、机器人导引、地貌测量、医学信息、生物信息、刑事鉴定、数字文物典藏、电影制片、游戏创作素材等领域都可见其应用。

第一节　三维扫描仪介绍

　　三维扫描仪大体分为接触式三维扫描仪和非接触式三维扫描仪。其中非接触式三维扫描仪又分为光栅三维扫描仪(也称拍照式三维描仪)和激光扫描仪。而光栅三维扫描又有白光扫描、蓝光扫描等,激光扫描仪又有点激光、线激光、面激光的区别。图6.1为接触式三维扫描仪。

　　三维扫描仪的用途是创建物体几何表面的点云(Point Cloud),这些点可用来插补成物体的表面形状,点云越密集,创建的模型越精确(这个过程称作三维重建)。若扫描仪能够取得表面颜色,可进一步在重建的表面上粘贴材质贴图,即所谓的材质映射(Texture Mapping)。

　　三维扫描仪可模拟为照相机,它们的视线范围呈圆锥状,信息的收集皆限定在一定的范围内。两者不同之处在于,相机所抓取的是颜色信息,而三维扫描仪测量的是距离。

图6.1　接触式三维扫描仪

（一）手持式激光三维扫描仪

手持式三维扫描仪原理：线激光手持三维扫描仪，自带校准功能，采用 635 nm 的红色线激光闪光灯，配有一部闪光灯和两个工业相机，工作时将激光线照射到物体上，两个相机来捕捉这一瞬间的三维扫描数据，由于物体表面的曲率不同，光线照射在物体上会发生反射和折射，然后这些信息会通过第三方软件转换为 3D 图像。在扫描仪移动的过程中，光线会不断变化，而软件会及时识别这些变化并加以处理。光线投射到扫描对象上的频率为 28 000 points/s，所以在扫描过程中移动扫描仪，哪怕扫描时动作很快，也同样可以获得很好的扫描效果。手持式三维扫描仪工作时使用反光型角点标志贴与扫描软件配合，支持摄影测量和自校准技术。手持式激光三维扫描仪如图 6.2 所示。

真正便携的手持三维扫描仪，可装入手提箱携带到作业现场或者工厂间，方便转移；可以实现激光扫描技术的一些高数据质量，保持高解析度，同时在平面上保持较大三角形，从而生成较小的 stl 文件；设备的形状和重量分布有利于长时间使用；功能多样，且方便用户使用，允许在狭小空间内扫描任何尺寸、形状或颜色的物体。

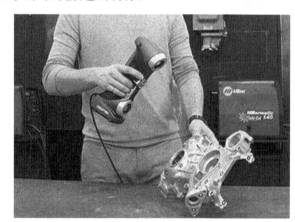

图 6.2 手持式激光三维扫描仪

（二）光栅三维扫描仪（拍照式三维扫描仪）

光栅三维扫描仪是一种高速高精度的三维扫描测量设备，其扫描原理因类似于照相机拍摄照片而得名，是为满足工业设计行业应用需求而研发的产品，可按需求自由调整测量范围，从小型零件扫描到车身整体测量均能胜任，性价比高。目前，该扫描仪已应用于工业设计行业中，为客户实现"一机在手，设计无忧"。光栅三维扫描仪采用的是一种结合结构光技术、相位测量技术、计算机视觉技术的复合三维非接触式测量技术。这种测量原理，使得对物体进行照相测量成为可能。所谓照相测量，就是类似于照相机对视野内的物体进行照相，不同的是照相机摄取的是物体的二维图像，而研制的测量仪获得的是物体的三维信息。与传统的三维扫描仪不同的是，该扫描仪能同时测量一个面。测量时光栅投影装置投影数幅特定编码的结构光到待测物体上，成一定夹角的两个摄像头同步采得相应图像，然后对图像进行解码和相位计算，并利用匹配技术、三角形测量原理，解算出两个摄像机公共视区内像素点的三维坐标，如图 6.3 所示。拍照式三维扫描仪可随意搬至工件位置做现场测量，并可调节成任意角度做全方位测量，对大型工件可分块测量，测量数据可实时自动拼合，非常适合各种大小和形状物体（如汽车、摩托车外壳及内饰、家电、雕塑等）的测量。

　　光栅三维扫描仪采用的是白光光栅扫描,以非接触三维扫描方式工作,全自动拼接,具有高效率、高精度、高寿命、高解析度等优点,特别适用于复杂自由曲面逆向建模,主要应用于产品研发设计(RD,如快速成型、三维数字化、三维设计、三维立体扫描等)、逆向工程(RE,如逆向扫描、逆向设计)及三维检测(CAV),是产品开发、品质检测的必备工具。三维扫描仪在部分地区又称为激光抄数机或者3D抄数机。

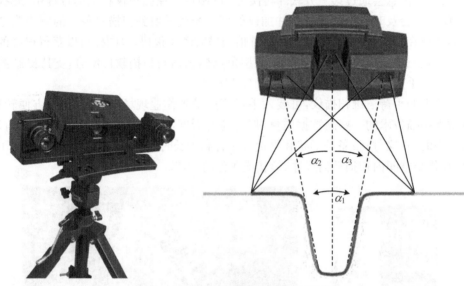

图6.3　光栅三维扫描仪及其工作原理

第二节　三维扫描仪相关名词及概念

　　(1) 标定。机器视觉测量中,被测物体表面一点的三维几何位置与其成像中的对应点之间的相互关系是由相机成像几何模型决定,模型的参数就是相机参数,通常确定这些参数的过程就被称为相机标定。

　　(2) 角点。标定过程中,各个定标点在世界坐标系中的坐标是已知的,需要保证制作的标定模块精度够高。此外,还需要精确检测这些点在图像中对应位置信息,然后通过模型计算得到相机的内外参数。这些定标点称为角点,系统将通过高精度角点检测来提高标定精度。

　　(3) 幅面。单幅采集范围。

　　(4) 拼接。将每次测量的三维曲面组合起来的方法称为拼接。

　　(5) 标记点。要得到不同角度三维曲面的对应关系,则需要构造具有唯一特征的标记点。根据待检测三维物体的尺寸确定标记点的个数,尺寸越大的物体需要的标记点越多。

　　(6) 点云。采集的数据三维空间中是以点的形式存在,统称为点云。

　　(7) 噪点。三维点云重构过程中产生的、不隶属于被测物的噪声点。

　　(8) 预对焦。进行拍照测量前,对测量物体、投影设备条纹精度进行校正的过程。

　　(9) 采集区域。拍照扫描时,设备当前单次扫描能够采集的最大区域。

第三节 典型三维扫描仪使用

一、光栅三维扫描仪使用

下面以某型号蓝光三维扫描仪为例,讲述光栅三维扫描仪的使用方法,因光栅三维扫描仪的原理相同,所以操作使用方法基本相似。图6.4为光栅三维扫描仪的线束连接方法。

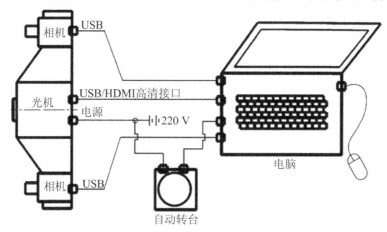

图6.4 光栅三维扫描仪线束连接方法

(一)扫描软件主程序安装

按照软件说明书,安装扫描软件主程序,需要注意的是,一般三维扫描软件对电脑显卡要求较高,在安装软件之前,请先确定电脑配置是否满足要求。

软件工作界面分为"标题栏""菜单栏""工具栏""点云数据采集窗口""拼接方案窗口""左相机窗口""右相机窗口""3D点云窗口""状态栏"9个部分,如图6.5所示。

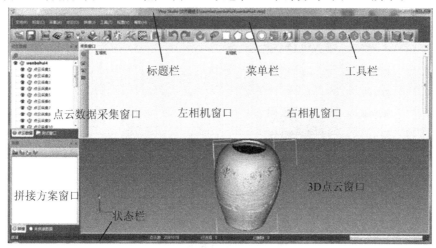

图6.5 扫描软件工作界面

（1）标题栏：显示当前工程文件的保存路径。

（2）菜单栏：包含软件系统中的所有功能，共分 8 组，如图 6.6 所示。

文件(F)　标定(C)　采集(A)　点云(O)　拼接(J)　工具(T)　视图(V)　帮助(H)

图 6.6　菜单栏

（3）工具栏：包含经常使用的功能。

（4）点云数据采集窗口：以树的形式显示点云数据集合。

（5）拼接方案窗口：包含待选的拼接方案列表。

（6）相机窗口：分为左相机窗口和右相机窗口，显示左、右相机的实时视频数据。

（7）3D 点云窗口：显示三维点云数据。

（8）状态栏：显示操作中的实时信息。

（二）软件默认参数设置

根据设备说明书的要求，针对三维扫描仪的型号，设置或导入默认参数，该参数能够让三维扫描仪正常工作。如果参数设置不正确，或许三维扫描仪能够工作，但是扫描出来的数据不正确。

（三）相机驱动安装

光栅三维扫描仪安装有至少两个工业相机，可以根据工业相机的说明，安装相机的驱动程序。

（四）光机设备输出设置

（1）插上 HDMI 数据线，在桌面上单击右键，菜单中选择"屏幕分辨率"。

（2）选中"显示器 2"，在多显示器下拉菜单中选择"扩展这些显示"，单击右下角的"应用"，如图 6.7 所示。

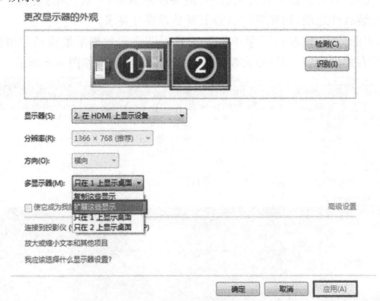

图 6.7　多显示器下拉菜单

（3）单击保留更改，如图 6.8 所示。

图 6.8 保留显示设置

（4）在显示器 2 的分辨率下拉菜单中设置推荐分辨率（默认为 1280×768），如图 6.9 所示。

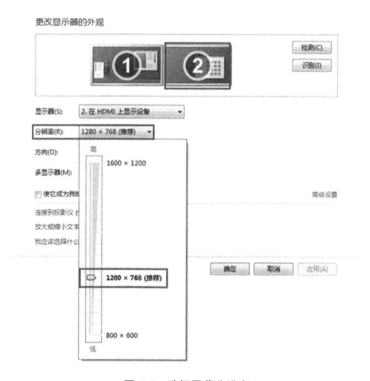

图 6.9 选择屏幕分辨率

（5）在显示器 1 的分辨率下拉菜单中设置分辨率为推荐分辨率（根据电脑的型号确

定),勾选"使它成为我的主显示器",单击"确定",如图 6.10 所示。

图 6.10　显示器 1 分辨选择

（五）扫描仪幅面调节

（1）将扫描仪正对白色平面,调整扫描仪与平面的距离,即物距,如图 6.11 所示,同时调整光机的调焦环,使投射出的黑白条纹清晰且满足幅面大小要求。

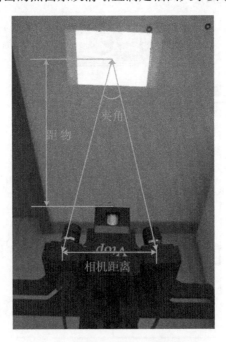

图 6.11　调整扫描仪与平面的距离

（2）打开软件中的"工具"—"基线计算",两个相机之间的夹角大约为 25°,量出物距,确定相机距离,如图 6.12 和图 6.13 所示。

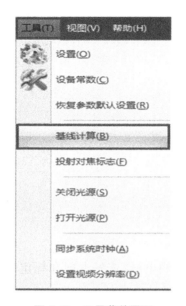

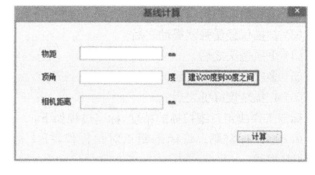

图 6.12 工具菜单界面　　　　　　　图 6.13 基线计算界面

（3）调节相机清晰度：点击"工具"—"投射对焦标志"，如图 6.14 所示。双击左（右）相机窗口，全屏显示，以便于查看；调整左（右）相机调焦环，使其对焦清晰（调节清晰度时可适当增大光圈使对焦标志明显）。如果遇到小幅面无法调到最清晰的状况，请装上附带的镜头垫圈。

（4）保证相机距离不变，分别调节左、右相机的上下俯仰角度和左右旋转角度使相机窗口中的十字线位于相机小矩形框的中间，锁紧固定螺丝。

（5）调节亮度：点击预对焦，投射黑白条纹，将相机窗口下方的亮度调节条由 0 向右调 1～2 格（可使用键盘的箭头按键进行操作），如图 6.15 所示；然后调节左相机光圈，使左相机窗口中的黑白条纹清晰并且对比强烈，明暗适中。调节右相机光圈使左右相机亮度相同，然后锁紧两个相机光圈调节环。

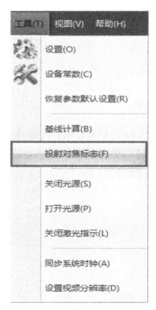

图 6.14 "工具"—"投射对焦标志"界面　　　　图 6.15 亮度调节条

（6）再次调整相机清晰度：点击"工具"—"投射对焦标志"，双击相机的预览窗口使之放大，便于查看，分别调整两相机对焦清晰并锁紧调焦环。

（六）标定

当三维扫描仪出现以下情况之一，需要重新标定：

（1）首次使用扫描仪之前。

（2）重新组装扫描仪之后。

（3）扫描仪经受强烈震动之后。

（4）更换镜头之后。

（5）多次拼接失败之后。

（6）扫描精度降低之后。

标定工作决定三维扫描的精度，标定过程如下：

（1）摆放标定靶。将标定靶正对扫描仪，插上标定靶的电源，连好电脑和标定靶的HDMI数据线。

（2）打开相机开关，如图 6.16 所示。

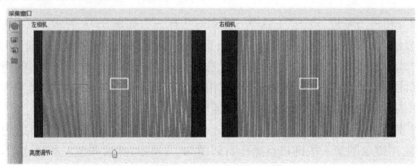

图 6.16　相机开关打开界面

（3）设置软标定参数。

（4）点击工具栏中的"软标定"，如图 6.17 所示。

软标定

图 6.17　工具栏中的"软标定"界面

输入标定靶配置的像素横/纵向尺寸（默认为 0.276730），单格横向像素和单格纵向像素根据相机窗口中显示的标靶大小设置合适数值，点击"投射"，如图 6.18 所示。

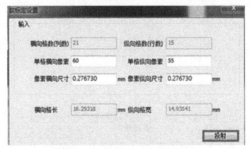

图 6.18　软标定设置界面

(5) 调整标定靶与扫描仪的距离,使标定靶靶心同时出现在两个相机窗口的小矩形框中,如图 6.19 所示。

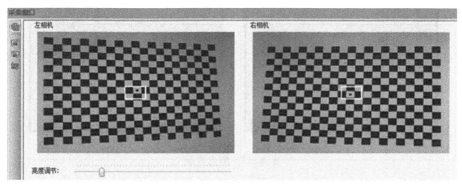

图 6.19 相机窗口

(6) 点击工具栏中的"标定"按钮,如图 6.20 所示。

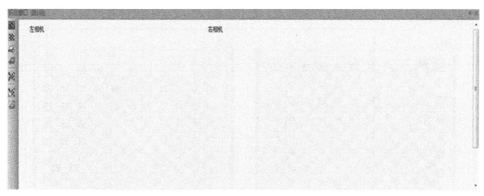

图 6.20 标定主窗口

(7) 点击工具条中的"相机"按钮,对标定靶进行图像采集,如图 6.21 所示。

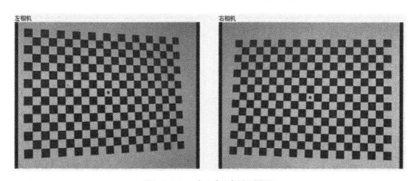

图 6.21 左(右)相机界面

(8) 点击"切换",切换到下一幅。改变标定靶的旋转角度为正对偏左 25°,调整标定靶与扫描仪之间的距离,使靶心同时出现在两相机窗口的小矩形框中,点击"相机",完成第二幅图像采集。以此方法完成第三幅、第四幅和第五幅图像的采集。

(9) 点击"角点"。角点为行数值和列数值组成的四边形的顶点,也是边角四个黑格的内顶点,如图 6.22 所示。

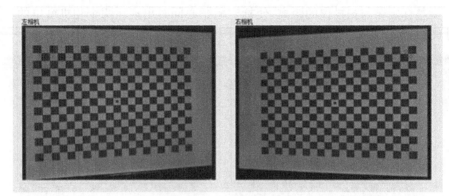

图 6.22 角点界面

（10）点击工具条中的"角点检测"。观察角点检测结果是否正确，角点的排列是否整齐，如图 6.23 所示。如果发现角点排列不整齐，说明本次角点检测出现错误，如图 6.24 所示。检查角点的位置和标定参数是否匹配，匹配后重新点击角点检测。以此方法，完成五幅图像的角点检测。

图 6.23 准确的角点识别结果

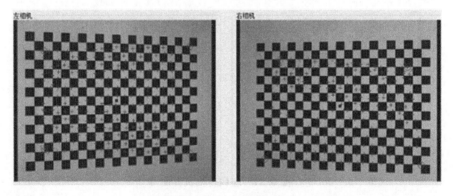

图 6.24 错误的角点识别结果

（11）点击工具条中的"系统标定"。标定完成时，系统弹出标定成功的通知。点击工具条中的"收起标定窗口"。

（七）扫描前的准备工作

（1）显像剂。

有下列情况之一需要使用显像剂：① 扫描物体是深黑色；② 扫描物体表面透明，或者有一定的透光层；③ 扫描物体表面存在高强度的镜面反射。

（2）标记点。

每一次采集都应至少识别出三个标记点，标记点的作用是作为拼接数据的依据。

需要贴标记点的情况：除物体表面纹理特征明显之外的所有情形都应粘贴标记点。

贴标记点的注意事项：

① 标记点应无规则的分布在被测物体的表面上，且在相机窗口中清晰可见。标记点不要贴在一条直线上，应该成"V"型分布。标记点尽量粘在物体表面上。

② 在贴标记点之前，应该考虑清楚标记点应贴在扫描物体上，还是扫描物体周围，还是两者都需要。标记点贴在物体表面的优点是物体可以自由的移动，缺点是会稍微影响被标记点覆盖的表面的 3D 数据。虽然贴在物体周围不影响物体表面的 3D 数据，但是在整个采集过程中，要保持扫描物体和贴着标记点的物体之间不能发生相对移动。

③ 标记点的尺寸应该选择适当，如果选择不当，会导致无法识别不能拼接。

④ 当采集扁平物体的数据时，为了保证采集精度，需要在物体表面和物体周围都粘贴标记点，或者放置一些附加治具。

（3）确定机器状态。

① 插好数据线和电源线，打开机器，检查光机能投射清晰条纹光，相机能看到被测物体。

② 试扫描一下标记点，标记点都能识别且被采集。

③ 点击"采集"—"预对焦"，调整扫描仪和扫描物体的距离，直到合适位置，即十字线同时出现在两相机窗口的小矩形框中。

（八）三维扫描、处理及导出

（1）新建工程。

单击工具条中的"新建工程"，输入工程名称以及路径（命名不能重复），点击"确定"，完成新建工程，如图 6.25 所示。工程创建成功后，点击"云数据窗口"会出现新建工程的名称，如图 6.26 所示。

图 6.25　新建工程窗口

图 6.26　云数据窗口

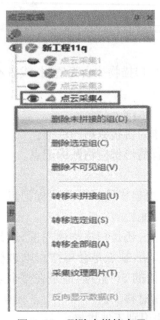

图 6.27　删除未拼接点云

（2）打开已存在的工程。

单击工具条中的"加载点云"，加载点云工程文件。工程文件加载后，用户可以继续进行采集和拼接等操作。

（3）采集。

单击工具条中的"采集"。可以看到扫描仪向物体投射变化的条纹光。当条纹光静止，一副数据采集结束，移动物体到下一个采集位置（一般横向转动角度不要超过 30°，纵向转动角度不要超过 45°，平移距离不要超过扫描范围的 3/4，以保证两次采集有足够的标记点作为拼接的依据），重复上面的过程进行第二幅数据采集。如果采集后系统提示没有完成拼接，则可能是物体移动位置过大，在点云数据窗口中点击右键删除该幅点云，如图 6.27 所示，然后把物体移动到合适的采集位置，继续采集。如此重复，直到采集完物体全部的 3D 数据。采集的过程中保持设备与物体的稳定，软件也会检测采集过程中设备与物体是否受震动。采集结束后可以看到采集的结果，如图 6.28 所示。

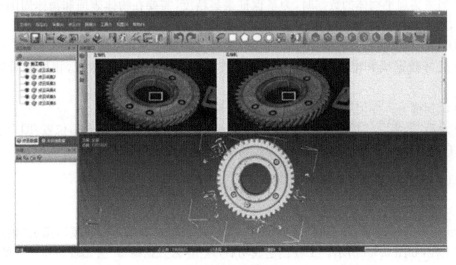

图 6.28　采集完成

（4）点云处理。

① 删除杂点。在 3D 窗口中选择杂点，选中的点用红色高亮显示。软件系统提供多种选点方式：矩形区域选点、多边形区域选点、套索选点、椭圆形区域选点和反向选择等。

矩形区域选点：点击"矩形"后，在 3D 窗口中按住鼠标左键，拖动鼠标。选择区域后，放开左键。此时，矩形区域内的点被选中。

多边形区域选点：点击"多边形"后，在 3D 窗口中按住鼠标左键放置多边形的角点。最后鼠标左键点击第一个角点，形成封闭多边形。此时，封闭多边形区域内的点被选中。如图 6.29 所示。

其他选点操作方式与矩形、多边形选点方法类似，点击鼠标右键可取消选中区域。点击"删除"或者键盘上"Delete"键完成删除杂点操作。

图 6.29 点云操作图

（5）保存工程。

点击工具条中的"保存"或使用快捷键"Ctrl＋S"保存当前点云工程。

点击工具条中的"导出"，弹出导出设置界面，如图 6.30 所示。点击处理点云后导出当前数据。导出点云数据的文件类型包括＊.ply、＊.asc、＊.vtx、＊.wrl、＊.obj、＊ac。用户也可以选择直接导出网格数据，其文件类型包括＊.ply、＊.stl、＊.dxf、＊.wrl、＊.obj、＊.off。＊.vtx 和＊.obj 类型的文件仅保存点云数据，＊.wrl 类型的文件保存点云数据、点的颜色、纹理等信息。用户可根据需要选择文件类型保存数据。一般使用＊.asc 和＊.obj 类型文件将点云数据加载到 Geomagic 等逆向工程软件中，加工点云数据，生成生产制造所需的数据；使用＊.wrl 类型文件展示被测物体的原貌，包括外形和纹理。

图 6.30 导出设置界面

选择导出点云存放路径,设置点云名称,单击保存,完成点云导出。如图 6.31 所示。

图 6.31　点击存放路径

二、激光扫描仪使用

本书将以 3D SYSTEMS 公司的 Sense 三维扫描仪为例,讲述激光三维扫描仪的使用方法,因激光三维扫描仪原理相同,所以操作使用方法基本相似。

（一）软件安装

进入 3D SYSTEMS 公司官网,下载 Sense 三维扫描仪相对应的软件,如图 6.32 所示。

图 6.32　3D SYSTEMS 公司官网

软件安装成功后,打开软件,选择人像扫描或者物体扫描,如图 6.33 所示。其中,人像扫描有半身扫描和全身扫描两种。物体扫描有小型物体扫描,如鞋子、水杯、篮球等;中型物体扫描,如吉他、衣服、电脑等;大型物体扫描,如桌子、沙发、摩托车等。

图 6.33 模式选择

模式选择完成之后,即进入扫描模式,如图 6.34 所示。

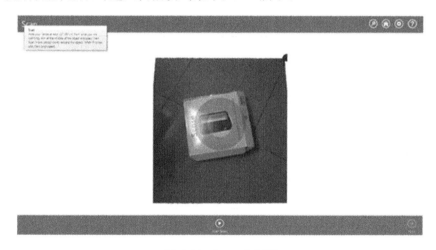

图 6.34 Sense 主界面

(二) 开始扫描

调整扫描仪与被扫描物体之间的距离,使扫描仪视野的中心区域,也就是扫描界面中圆形区域在被扫描物件中心,尽量保持扫描仪不动,开始扫描。扫描过程中,距离尽量保持不变,然后调整扫描仪的角度,缓慢地绕着被扫描物体进行扫描。扫描结束后,点击"暂停扫描"或者"下一步"结束扫描。

扫描注意事项:

(1)角度调整:尽量使被扫描物体的面与扫描仪三个镜头垂直。

(2)光线要求:最好在室内进行扫描,不要在太阳光下进行扫描;光线尽可能均匀,不要在暖色光下进行扫描,采用白光灯进行补光。

(3) 扫描速度和距离:扫描过程中应缓慢调整扫描仪的角度和位置,距离尽可能保持不变。速度过快或距离过远,会导致扫描仪跟踪丢失,需要重新进行扫描。

(三) 模型编辑

进入编辑界面,如图 6.35 所示。表 6.1 为编辑界面各种按钮的名称及功能。

图 6.35　编辑界面

表 6.1　编辑界面按钮名称及功能

图标	按钮名称	按钮说明
返回	返回按钮	
返回原始	返回原始视图按钮	
主界面	主界面按钮	
设置	设置按钮	
Crop	修剪功能	保留选择的数据
Erase	擦除功能	将选择的部分删除,利用鼠标左键进行选择
Solidify	实体化功能	对扫描的数据进行自动修补漏洞处理
Auto Enhance	自动处理功能	

图标	按钮名称	按钮说明
Trim	剪切功能	将模型剪切成几个部分
Touch Up	涂抹功能	自动处理涂抹部位,让其平滑光润
Save	保存功能	可将扫描数据保存为 ply、stl 及 obj 格式
Upload	长传功能	可将扫描数据上传至微云
Print	3D 打印功能	若电脑连接 cube 打印机,且安装有插件,可直接进行 3D 打印

第四节　三维扫描的应用

本书以三维扫描在电动自行车的逆向设计和成品检测方面的应用为例,讲述三维扫描的应用。

（一）电动自行车的逆向设计

逆向工程（Reverse Engineering,也称反求工程、反向工程等）,是指将实物转化为 CAD 模型相关的数字化技术、几何模型重建技术和产品制造技术的总称。

图 6.36 是一个成品电动自行车的模型,该模型由手工制作,无 3D 数据,而工业生产需要 3D 数据用于 CAM,下面的工作就是将该模型变成 3D 数据的过程,即逆向工程。

图 6.36　电动自行车模型

首先在模型上贴标记点,同时黑色部分喷涂显像剂,完成准备工作后,开始 3D 扫描。

(2) 对该模型进行 3D 扫描,获取点云数据。如图 6.37 所示。

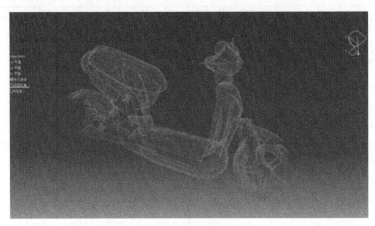

图 6.37　点云数据

(3) 通过 Geomagic 等三维软件封装,获取 3D 实体数据,如图 6.38 所示。

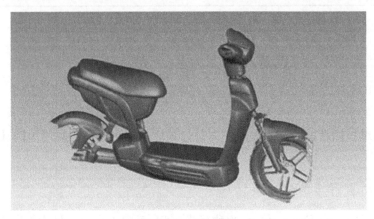

图 6.38　实体封装

(4) 最后使用 Catia/UG/CAD/Proe 等软件进行实体造型,获取可以用于 CAM 的 3D 模型,如图 6.39 所示。

图 6.39　获取 3D 模型

（二）电动自行车的零件检测

当某个零件生产完成后，需要通过检测手段检测其与设计图的差别，即获取零件制造误差。传统方式是通过三坐标测量机（CMM）等测量装置，测量各距离、尺寸、角度、直线度、圆弧度、平面度等。本部分内容介绍通过三维扫描方式测量零件的制造误差。

（1）通过 3D 扫描，将零件扫描成点云，并封装成 3D 实体，如图 6.40 所示。

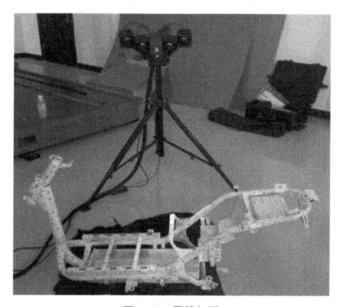

图 6.40　零件扫描

（2）将上述得到的 3D 实体在软件中（如 Geomagic 等）与设计图纸的 3D 模型重合，如图 6.41 所示。

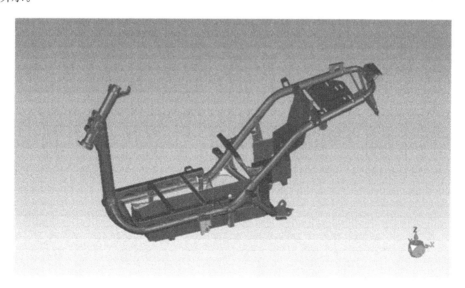

图 6.41　获取模型和设计模型重合

（3）通过软件的检测功能,检测 3D 扫描获取模型和设计图纸模型之间的差别,了解零件的制造误差,如图 6.42 所示。

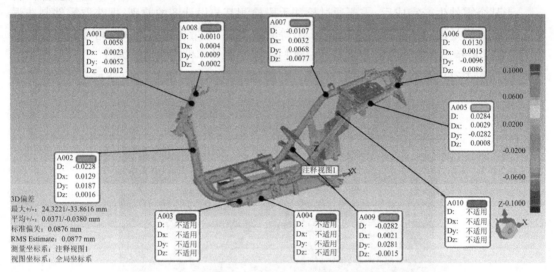

图 6.42　零件误差检测

第七章　3D 打印切片

　　3D 打印机的原理为层层堆积形成实体,每一层的路径是在计算机中生成的,生成每层路径的工作就是 3D 打印切片。3D 打印切片是如何工作的呢? 首先必须知道每一层的形状,即用水平面去切割模型,得到轮廓的形状,这个形状一般是一些多边形线条,如图 7.1 所示。

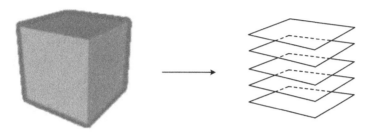

图 7.1　切片原理

　　这些线条并不足以去构成打印机路径,3D 切片软件就是要根据这些多边形去构建打印机路径。对于一个物体来说,如果只是打印表面的话,那么该模型的外壳可以分为水平外壳(顶部和底部)和垂直外壳(环侧面)。垂直外壳一般来说需要一个厚度,即所谓的壁厚。而对于每一层来说,将轮廓线重复打印几圈,即可构建一个比较厚的圈线。为了使模型具有一定的强度,需要对模型壳的里面打印一些填充物,具体操作就是在每一层的多边形内部加上一定比例的填充材料。最后,很多层堆积起来构建了一个实体,如图 7.2 所示。

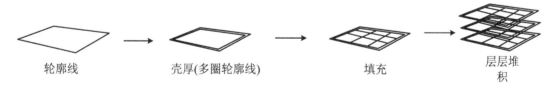

轮廓线　　　　　壳厚(多圈轮廓线)　　　　　填充　　　　　层层堆积

图 7.2　外壳与填充

　　每一层的路径组合起来就得到了打印整个模型的路径,路径文件就是 G-Code 文件,这个文件可以直接导入 3D 打印机,3D 打印机根据此文件工作。由此可见,模型打印有一些最基本的参数,包括层厚、壳厚、填充密度等都是由 3D 切片软件设置。打印模型就像盖房子一样,在空气中打印,悬空的地方是不能直接打印出来的。盖房子需要脚手架,3D 打印也需要支撑结构。3D 切片软件在生成路径文件时,也会自动或手动生成支撑结构,帮助成功打印模型。

　　3D 切片软件有很多,目前常用的有 Cura、makerwat、Slic3r、EasyPrint 3D、CraftWare、Netfabb、Repetier、Meshfix、Simplify3D、Meshmixer、Magics 等,本章根据国内 3D 打印机的使用情况,重点介绍 Cura、Simplify3D 和 Magics。其中,Cura 是入门版的切片软件,Simplify3D 是专业版切片软件,Magics 可以切片,但其功能更多地用于模型修复。

第一节　Cura 软件的使用

　　Cura 软件是 Ultimaker 公司设计的 3D 打印软件,使用 Python 开发,集成 C++开发的 CuraEngine 作为切片引擎。由于其具有切片速度快、切片稳定、对 3D 模型结构包容性强、设置参数少等诸多优点,拥有越来越多的用户。Cura 软件更新比较快,几乎每隔 2 个月就会发布新版本,其版本号一般为"年数.月数",比如 Cura 14.09 就表示该版本是 2014 年 9 月发布的。

　　Cura 软件的主要功能有:① 载入 3D 模型进行切片;② 载入图片生成浮雕并切片;③ 连接打印机打印模型。

一、安装

　　Cura 软件的安装很简单,下载 Cura 源文件,双击打开即进入安装模式,Cura 软件在运行的时候会向硬盘里面写文件,因此安装目录要保证具有管理员权限。另外,安装过程中会询问是否安装 Arduino 串口驱动程序,一般来说直接安装即可,如果电脑上已经安装这个驱动,那么可以选择不安装。安装完成之后是首次运行向导,首先是选择语言,然后是选择打印机类型,此处可选择 3D 打印机类型,如果列表中没有,选择"Custom"。然后根据实际情况设置打印机参数,包括打印机名称、打印空间尺寸、打印机喷头尺寸、是否有加热床、平台中心位置等。

二、操作界面及添加 3D 打印机

　　初始化配置完成之后,即可打开主界面,如图 7.3 所示。主界面主要包括菜单栏、参数设置区域、视图区和工具栏。菜单栏中可以改变打印机的信息,打开专家设置。参数设置区域是最主要的功能区域,在这里用户输入切片需要的各种参数,然后 Cura 软件根据这些参数生成比较好的 GCode 文件。视图区主要用来查看模型、摆放模型、管理模型、预览切片路径和查看切片结果。

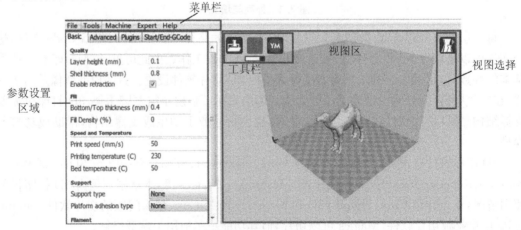

图 7.3　Cura 主界面

三、打印机设置

如果只使用一台打印机,那么在首次运行选项中对机器设置一次即可。如果打印机打印尺寸或结构发生变化,或者增加了一台新的打印机,那么就需要对机器属性进行一些修改。

进入"Machine"菜单,然后点击"Machine settings",如图 7.4 所示。

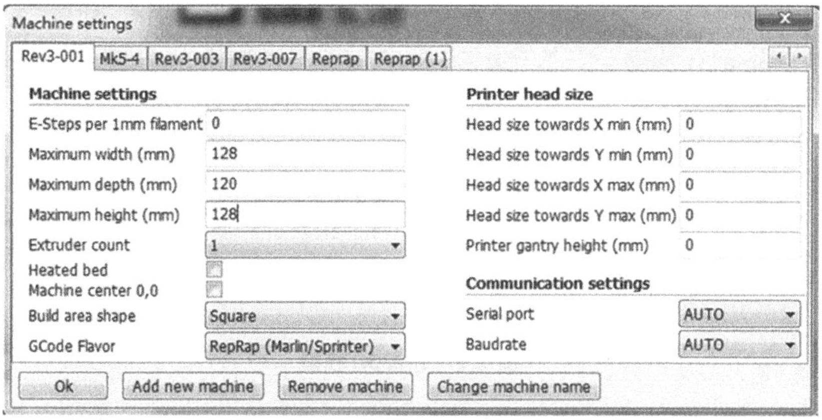

图7.4　机器设置界面

在此可以设置 Maximum width(打印宽度)、Maximum depth(打印深度)和 Maximum height(打印高度)。如果打印机是多喷头,则将 Extruder count(喷头数目)改为对应的数量。如果打印机包含加热床,那么勾选 Heated bed(加热床)。对于一般的方形打印机来说,打印平台中心坐标都不是(0,0),而是打印尺寸的一半,不要勾选 Machine center 0,0(机器中心 0,0)选项;而对于 Rostock 型打印机(三角洲打印机),平台中心坐标为(0,0),那么就勾选此选项。Build area shape(平台形状)要根据打印机平台形状进行设置;GCode Flavor(GCode 类型)要根据打印机使用的固件进行设置,一般的开源打印机使用的都是 Marlin 固件,选择 RepRap(Marlin/Sprinter)即可。

关于打印机喷头的尺寸设置,对于"排队打印"来说非常重要。"排队打印"是指将平台上的多个模型逐一打印,而不是一起打印。这样的好处是,如果打印中途遇到问题,可以保证一些模型打印成功,不至于所有的模型都打印失败。但并不是对所有的多模型组合都能进行"排队打印",比如有些模型比较大,那么在"排队打印"的过程中可能会碰到该模型。设置打印机就是设置喷头的尺寸,为了在"排队打印"的时候,软件自动判断,避免发生碰撞。

四、模型摆放

点击工具栏中的"Load"工具或者使用"File"菜单下的 Load model file(载入模型文件),也可以使用快捷键 Ctrl+L,载入一个 3D 文件,如图 7.5 所示。Cura 软件可以对该模型进行一些变换,比如平移、旋转、缩放、镜像。

选中模型,即在模型表面单击鼠标,当模型变成亮黄色时,就选中了该模型。

(1)平移。视图区中的棋盘格就是打印平台区域,模型可以在该区域内任意摆放,鼠标左键旋转模型之后,按住左键拖动即可改变模型的位置。

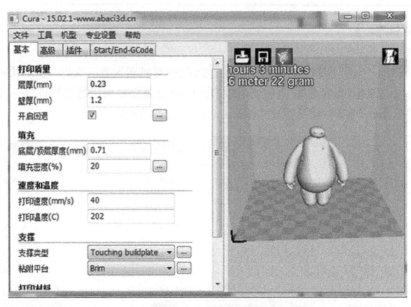

图 7.5　载入 3D 模型

（2）旋转。选中模型，会发现视图左下角出现 3 个菜单，左边的是旋转菜单，中间的是缩放菜单，右端的是镜像菜单。点击"Rotate（旋转）"，此时模型表面出现 3 个环，颜色分别是红、绿、蓝，表示 X 轴、Y 轴和 Z 轴。把鼠标放在一个环上，鼠标左键按住拖动即可使模型绕相应的轴旋转一定的角度，Cura 软件只允许用户旋转 15 的倍数角度。如果希望返回原始方位，可以点击旋转菜单的"Reset（重置）"。点击"Lay flat（放平）"，则会自动将模型旋转到底部比较平的方位，但不能保证每次都成功。如图 7.6 所示。

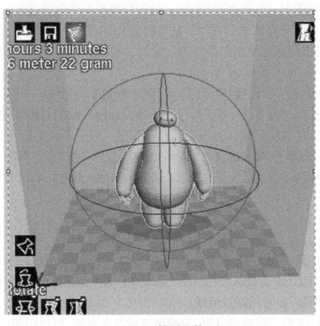

图 7.6　模型旋转

（3）缩放。选中模型后，点击"Scale（缩放）"，然后会发现模型表面出现 3 个方块，分别

表示 X 轴、Y 轴和 Z 轴。点击并拖动一个方块可以将模型缩放一定的倍数,也可以在缩放输入框内输入缩放倍数,即"Scale *"右边的方框,还可以在尺寸输入框内输入准确的尺寸数值,即"Size *"右边的方框,这时需要注意弄清楚每个轴向上的尺寸表示的是模型的哪些尺寸。

另外,缩放分为"均匀缩放"和"非均匀缩放",Cura 软件默认使用均匀缩放,即缩放菜单中的"锁"处于"上锁"状态。若使用"非均匀缩放",只需点击这个"锁","非均匀缩放"可以将一个正方体变成一个长方体。"Reset(重置)"会将模型回归原形,"To Max(最大化)"会将模型缩放到打印机能够打印的最大尺寸,如图 7.7 所示。

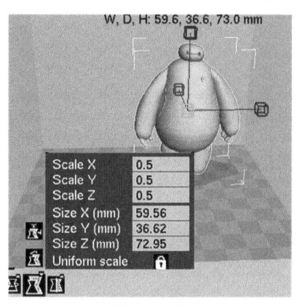

图 7.7　模型缩放

(4) 镜像。选中模型后,点击"Mirror(镜像)",就可以将模型沿 X 轴、Y 轴或 Z 轴镜像。比如,左手模型可以通过镜像得到右手模型。

(5) 将模型放在平台中心,选中模型之后,单击鼠标右键,则弹出右键菜单,第一个选项就是"平台中心",如图 7.8 所示。

图 7.8　模型摆放

（6）删除模型。可以通过右键菜单删除，也可以选中模型之后按 Delete 键删除。

（7）克隆模型，即将模型复制几份。通过右键菜单，使用 Multiply object（克隆模型）功能即可。

（8）Split object to parts（分解模型）会将模型分解为很多小部件；Delete all objects（删除所有模型）会删除载入的所有模型；Reload all objects（重载所有模型）会重新载入所有模型。

（9）Cura 软件载入多个模型时，会自动将多个模型排列在比较好的位置。不同模型之间会保持一定距离，以便于打印。

五、悬空支撑

Cura 软件允许用户从不同模式去观察载入的模型，包括 Normal（普通模式）、Overhang（悬空模式）、Transparent（透明模式）、X-Ray（X 光模式）和 Layers（层模式）。可以通过点击视图区右上角的"View Mode（视图模式）"，调出视图选择菜单，然后就可以在不同视图模式间切换。比较常用的是普通模式、悬空模式和层模式。普通模式就是默认的查看 3D 模型的模式；悬空模式是显示模型需要支撑结构的地方，在模型表面以红色显示，如图 7.9 所示。

图 7.9　悬空视图

关于支撑，就像盖房子一样，在悬空的地方需要加脚手架，否则房顶也盖不出来。Cura 软件会自动计算打印模型需要支撑的地方，当模型表面的斜度（与竖直方向的夹角）大于某一角度时（在专家模式设置），就需要加支撑，图 7.10 中图形悬空的下方为支撑结构。

图 7.10 支撑显示

六、切片路径预览

Cura 软件使用 Cura Engine 对模型进行切片。在切片之前,Cura 软件会对载入的 3D 模型做一些处理,比如修复法线及修补小漏洞。因此,即使载入的模型存在一些问题,Cura 软件一般也可以生成比较满意的路径文件。但不建议每次都载入有问题的模型,因为 Cura 软件不能保证可以修复好任何问题。用户更应该在建模时把握一些原则,使 3D 模型尽量满足可打印的要求。

Cura 软件会对载入的模型自动切片,而且每当用户变换模型或者改变任何参数时,Cura软件就会对模型进行重新切片。只要将视图模式切换到层模式,用户就可以预览切片路径。Cura 软件对于每层路径中不同的部分采用不同颜色的线条进行可视化,不同颜色的线条表示不同类型的路径:红色表示外壁(外轮廓线)路径,黄绿色表示内壁(内轮廓线),黄色表示支撑,蓝色表示空驶路径,水绿色表示支撑结构或黏附结构,如图 7.11 所示。用户可以滑动右下角的滑块改变显示的层数,左上角可以查看切片结果,包括打印时间、耗材长度和耗材重量。

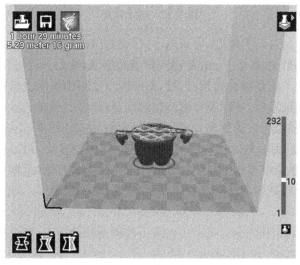

图 7.11 预览切片路径

　　预览切片结果可以帮助用户判断打印时间是否合适以及支撑结构有没有添加充分或者添加过多。如果打印时间太长,就要返回修改切片参数,重新切片;如果支撑结构没有添加充分,那么可能需要借助其他软件甚至通过建模软件添加支撑。此外,预览切片还可以帮助用户理解 Cura 软件的切片原理,了解打印过程。Cura 软件每一层路径的顺序为外壁—内壁—填充。

七、切片参数基本设置

　　Cura 软件支持快速设置,可以通过"Expert"切换到 Switch to quickprint(快速设置),即选择使用耗材、打印质量以及是否需要支撑即可进行切片。建议用户使用 Switch to full settings(详细设置),在这个模式下,Cura 软件的切片参数包括 5 个部分:基本设置、高级设置、插件、GCode 及专家设置。

　　基本设置包括层高、壁厚、填充、耗材、温度及辅助材料等,如图 7.12 所示。

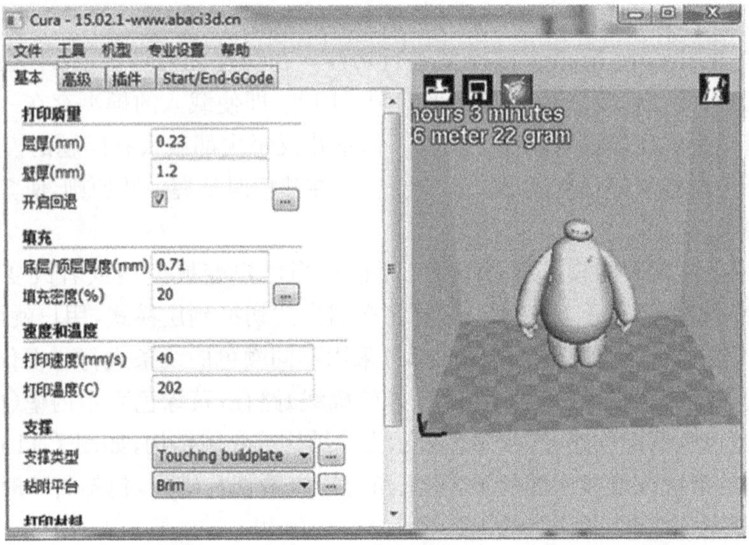

图 7.12　基本设置

　　层高指的是切片每一层的厚度,层高越小,模型打印越精细,同时层数也会增多,从而打印时间也会延长。一般来说,0.1 mm 是比较精细的层厚,0.2 mm 的厚度比较常用,0.3 mm 的层厚用于打印要求不太精细的模型,当然,打印模型的精细程度也与打印机性能有关。

　　壁厚是指模型表面厚度,壁厚越厚模型越结实,打印时间也越长。需注意壁厚一般不能小于喷嘴直径,如果模型存在薄壁部分,那么不一定能够打印出来。一般对于 0.4 mm 的喷嘴,设置 0.8 mm 壁厚即可,若希望打印的模型结实些,可设置为 1.2 mm。

　　底层/顶层厚度是指模型底下几层和上面几层采用实心打印(这些层也被称为实心层)。这也是为了打印一个封闭的模型而设置的,通常叫所谓的"封顶"。一般来说,0.6~1 mm 就可以了。

　　填充密度是指 Cura 软件会对每一层生成一些网格状的填充,其疏密程度就是由填充密度决定,0 表示空心,100% 表示实心。

　　打印速度是指吐丝速度,当然打印机不会一直以这个速度打印,因为需要加速、减速,所以这个速度只是个参考速度。速度越快,打印时间越短,但打印质量会降低,对于一般的打印机,40～50 mm/s 的速度是比较合适的速度。如果希望打印的快些,可以把温度提高10 ℃,速度提高 20～30 mm/s。高级设置里有更加详细的速度设置。

打印温度是指打印时喷头的温度,这个要根据使用的材料来设置,建议 PLA 温度为203 ℃,ABS 温度为 240 ℃。温度过高会导致挤出的丝有气泡,而且会有拉丝现象,温度过低会导致加热不充分,可能会堵住喷头。

加热床温度是指加热床的温度(如果有该选项的话)。建议 PLA 热床温度为 40 ℃,ABS 温度为 60 ℃。

支撑类型是指让用户选择添加支撑结构的类型。是否需要添加支撑完全由用户决定,有时候软件计算出来需要添加支撑,但可能非常难以剥离,那么用户可以选择不加支撑结构,即选择 None。当用户认为需要添加支撑的时候,有两种模式可以选择,即接触平台支撑和全部支撑。二者的区别是接触平台支撑不会在模型上添加支撑结构,全部支撑则在任何地方都添加支撑。

黏附平台①是指在模型和打印平台之间如何黏合,主要有三种模式:一是直接黏合(None),就是不打印过多辅助结构,仅打印几圈“裙摆”,并直接在平台上打印模型,这对于底部面积比较大的模型来说是个不错的选择;二是使用压边(Brim),相当于在模型第一层周围围上几圈“篱笆”,防止模型底面翘起来,如图 7.13 所示;三是使用底垫(Raft),这种策略是在模型下面先铺一些垫子,一般有几层,然后以垫子为平台再打印模型,这对于底部面积较小或底部较复杂的模型来说是比较好的选择,如图 7.14 所示。

图 7.13　压边(Brim)模式　　　　　　　图 7.14　底垫(Raft)模式

耗材直径是指所使用的丝状耗材的直径,一般来说有 1.75 mm 和 3.0 mm 两种耗材。而 3.0 mm 的耗材,直径一般在 2.85～3 mm 之间。

流量倍率是为了微调出丝量而设置的,实际的出丝长度会乘以这个百分比。如果这个百分比大于 100%,那么实际挤出的耗材长度会比 GCode 文件中的长,反之变短。

---

① 　根据现代汉语使用规范,图 7.12 中的“粘附平台”应为“黏附平台”。

八、切片参数高级设置

Cura 软件的高级设置中速度、回抽及冷却这三方面是影响打印物体表面的重要因素，如图 7.15 所示。

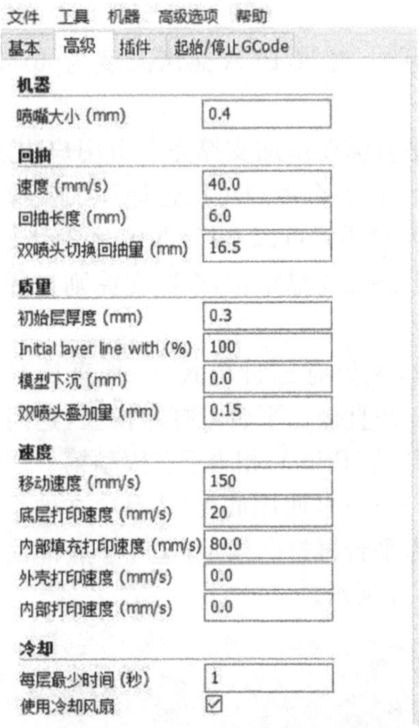

图 7.15　Cura 软件的高级设置

喷嘴大小就是打印头的直径。

回抽对模型表面的拉丝影响很大。回抽不足，则会导致打印模型表面拉丝现象严重；回抽过多，则会导致喷头在模型表面停留时间过长，造成模型表面有瑕疵。回抽发生在 G1→G0 时，由于喷头此时离开打印模型表面，如果喷头中有剩余耗材，就会渗漏出来，黏在模型表面，造成拉丝现象。如果在喷头离开之前，将耗材往回抽取一部分，可以有效防止喷头中有过多的熔融耗材，从而减少甚至消除拉丝现象。一般来说，回抽速度会快一些，长度不能太长。通常 0.4 mm 喷嘴，回抽速度为 60 mm/s，长度为 6 mm。

有时候模型底部不平整，或者用户希望从某一个高度而不是底部开始打印，那么就可以使用"切除对象底部"功能将模型底部切除一些，但这并非真的将模型切掉一部分，只是从这个高度开始切片而已。

初始层厚度是指模型的第一层厚度，为了使模型打印更加稳定，会使第一层厚度稍厚一些，一般来说，设置为 0.3 mm。需要注意的是，初始层和底部并不是一回事，底部包含初始层，但不止一层，而初始层只是一层而已。

初始层线宽是以百分比的形式改变第一层线条的宽度，如果希望改变第一层的线宽，改变这个百分比即可。

Cura 软件允许用户对不同的路径设置不同的速度，空驶速度一般可以设置得比较高，一般为 150 mm/s。初始层速度设置比较低，以便第一层和平台更容易黏连，一般为 20 mm/s。填充速度就是打印填充物的速度，如果不关注模型内部的话，这个速度可以比打印速度高 10 mm/s 左右，外壁速度和打印速度相等即可。内壁速度就是打印内侧轮廓的速度，一般比打印速度快 5mm/s 即可，如果设置为 0 的话，就和打印速度相同。

层最短打印时间是指打印每一层的最短时间，它的功能是为了让每一层打印完之后有足够的时间冷却。如果某一层路径长度过小，那么 Cura 软件会降低打印速度。这个时间需要根据经验来修改。

使用冷却风扇是指允许用户在打印的过程中使用风扇冷却，具体冷却风扇的速度如何控制可以在"专家设置"中进行设置。

九、切片参数插件设置

Cura 软件集成了两个插件可以修改 GCode，即在指定高度停止和在指定高度进行调整。

图 7.16 为选中一个插件,然后点击向下箭头按钮,就可以在下面设置参数并使用该插件。

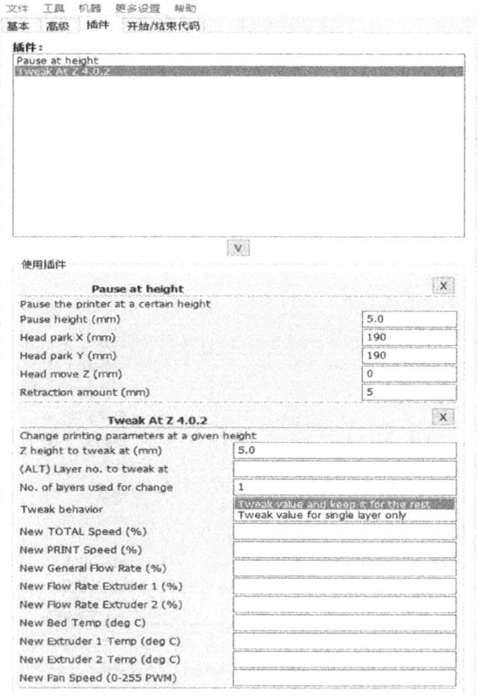

图 7.16 切片参数插件设置

在指定高度停止是指这个插件会让打印过程在某个高度停止,并且让喷头移动到一个指定的位置,并且回抽一些耗材。Pause height 就是停止高度,Head park X 和 Head park Y 就是喷头停止位置的 X 坐标和 Y 坐标,Retraction amount 是回抽量。

在指定高度调整是指这个插件会使打印过程在某个高度调整一些参数:速度、流量倍率、温度及风扇速度。

十、切片参数专家设置

Cura 软件在"专家设置"中还有一部分更高级的设置。专家设置包括回抽、裙边、冷却、填充、支撑、螺旋、底层边线、底层网格和修复漏洞等,如图 7.17 所示。

(1) 回丝。

最小移动距离是指需要回抽的最小空驶长度,即如果一段空驶长度小于这个长度,那么便不会回抽而直接移动。启用回抽是指让打印机在空驶前梳理一下,防止表面出现小洞,一般来说都需要勾选上。回抽前的最少挤出量是防止回抽前挤出距离过小而导致一段丝在挤出机中反复摩擦而变细,即如果空驶前的挤出距离小于该长度,那么便不会回退。回退时 Z 轴抬起是指打印机喷头在回退前抬升一段距离,这样可以防止喷头在空驶过程中碰到模型。

(2) 裙边。

裙边是指在模型底层周围打印一些轮廓线。当使用了 Brim 或 Raft 时,则裙边无效。线数(Line count)是裙边线的圈数。开始距离是最内圈裙边线和模型底层轮廓的距离;最小长度要求裙边线的长度不能太小,否则 Cura 会自动添加裙边线数目。

（3）冷却。

风扇全速开启高度指定在某个高度时，冷却风扇全速打开。风扇最小速度和风扇最大速度是为了调整风扇速度去配合降低打印速度冷却。如果某一层没有降低速度，那么为了冷却，风扇就会以这个最小速度冷却。如果某一层把速度降低200％再冷却，那么风扇也会把速度调整为最大速度去辅助冷却。最小速度就是打印机喷头为了冷却而降低速度可以达到的下限，即打印速度无论如何不能低于最小速度，如果没有选择"喷头移开冷却"，那么即使该层打印时间大于层最小打印时间也不会有太大影响。如果勾选"喷头移开冷却"，那么打印机喷头会移动到旁边等待一会，直到消耗层最小打印时间，然后回来打印。

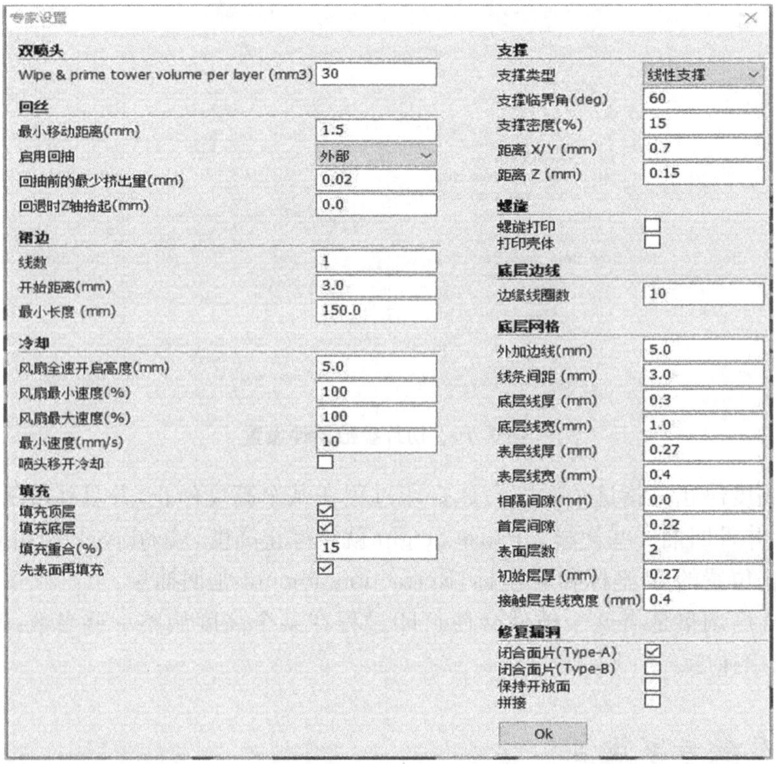

图7.17　专家模式

（4）填充。

填充是指可以对模型顶部和底部进行的特殊处理。有时候用户不希望顶部或底部实心填充，就可以不勾选"填充顶层"或者"填充底层"。填充重合是指模型表面填充和外壁重叠的程度，这个值如果太小就会导致外壁和内部填充结合不太紧密。

（5）支撑。

支撑是指设置支撑结构的形状及与模型的结合方式。支撑类型是指支撑结构的形状，有格子状（Grid）和线状（Line）两种类型。格子状表示支撑结构内部使用格子路径填充，这种结构比较结实，但难以剥离；线状表示支撑结构内部都是平行直线填充，这种结构虽然强度不高，但方便剥离，实用性较强。支撑密度是指支撑结构的填充密度，Cura软件中的支撑为片状分布，每一片的填充密度就是这个填充量，这个填充量越大，支撑越结实，同时也更加难以剥离，15％是个比较平均的值。距离X/Y和距离Z是指支撑材料在水平方向和垂直方向上的距离，是防止支撑和模型粘到一起而设置的。垂直方向的距离需要注意，太小了，会使模型和支撑黏得太紧,难以剥离;太大了,会造成支撑效果不好。一般来说,一层的厚度应该比较适中。

(6)螺旋。

螺旋包含两种特殊的打印形式,即螺旋打印(外部轮廓启用 Sprialize)和打印壳体(只打印模型表面)。前者是以螺旋上升的线条打印模型外表面,包括底面;后者仅仅打印模型的单层侧面,并不打印底面和顶面。

十一、生成 GCode 数据

当模型载入后,且都已经设置到合理值后,点击"保存",即可生成 GCode 数据。如果电脑插入 SD 卡,则 GCode 数据直接进入 SD 卡内,将卡从电脑拔出,插到 3D 打印机即可开始打印。

如果电脑通过 USB 等连接 3D 打印机,则可直接进入打印界面,此时可通过电脑操作 3D 打印机开始打印。

第二节　Simplify3D 软件的使用

2014 年 7 月 9 日,德国 3D 打印公司 German RepRap 推出了一款全功能 3D 打印软件——Simplify3D。Simplify3D 可取代 Repetier-Host 和 Slic3r 软件,支持导入不同类型的文件,可缩放 3D 模型、修复模型代码、创建 G 代码并管理 3D 打印过程。软件界面如图7.18所示。

图 7.18　Simplify3D 软件界面

一、软件界面

Simplify3D 软件的常用功能如图 7.19 所示。

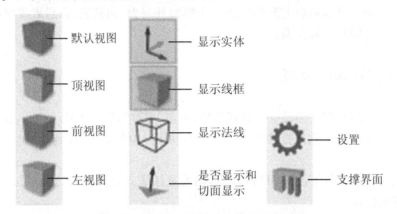

图 7.19　Simplify3D 软件的常用功能按键

Simplify3D 软件界面的左上角为模型栏,可以载入、删除模型等,图 7.20 为软件载入名为"dog"的文件。

(1) 导入:可导入 *.stl 或 *.obj 格式文件,也可以直接拖拽 *.stl 或 *.obj 格式文件到此窗口。

(2) 移除:卸载选中的模型文件。

(3) 居中并排列:居中自动摆放。

软件界面的左下为切片参数栏,既可以更改切片的参数设置,也可以新建或删除切片参数等,图 7.21 为一个名为"process1"的参数,其类型是"FFF"。

图 7.20　文件窗口

图 7.21　切片参数窗口

(1) 添加:通过"添加"可以设置多个切片设置,如 process1、process2 等,也可以自行命名,不同的切片设置既可以应用于不同的模型,也可以应用于同一个模型,比如指定从一个高度到另外一个高度使用某一个切片设置。

（2）编辑打印进程设定：编辑具体的切片参数设置。

（3）准备打印：执行切片，完成后右侧模拟窗口会有刀路生成。

二、模型位置/方向/尺寸编辑

双击模型窗口的模型文件，打开一个模型设置对话框，如图 7.22 所示。

图 7.22　模型设置对话框

（1）改变位置：输入数字，可偏移模型位置。

（2）改变尺寸：缩放模型，可选均匀或非均匀缩放。

（3）改变角度：沿 X、Y、Z 坐标轴旋转角度，虽不如 Cura 软件直观，但可输入精确角度。

三、支撑功能

点击主界面"支撑"，进入支撑添加界面，如图 7.23 所示。点击"生成自动支撑"，则自动按照设置生成支撑。图 7.23 的狗最下方的竖条，即为自动生成的支撑。

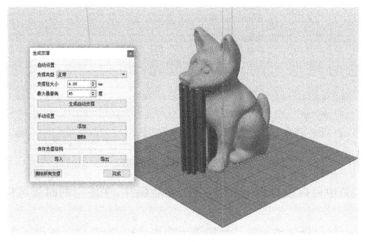

图 7.23　支撑添加界面

如果需要手动添加支撑,点击"手动添加",则鼠标所点位置自动生成支撑。

四、编辑切片设置

双击切片设置名或点击"编辑打印进程设定",进入切片设置界面,如图 7.24 和图 7.25 所示。

图 7.24　切片设置界面

图 7.25　切片设置界面

在 Simplify3D 中可以设置多个配置文件,然后保存,在使用的时候可以根据需要选择使用。

在常规设置中可以设置填充率。如果选中底板的话,则在打印机件下方添加一个底板,如同 Cura 软件的 Raft。如果选中支撑的话,则打印支撑,否则支撑不打印。

下方对应的是挤出机、层、附加、填充、支撑、温度、冷却、G 代码、脚本、速度、其他及高级设定。如果上方的"选择配置文件"已经选择,则下方的设置全部设置好,如果改动,可保存一个新的配置文件,供下次调用。

(1)挤出机。

① 挤出机编号:指机器安装的挤出机号码,如果只有一个挤出机就是"挤出机 0",如果机器有两个挤出机,可以选择"挤出机 0"和"挤出机 1"。

② 喷嘴直径和挤出倍率与 Cura 软件相同。

③ 挤出线宽:如果安装的是 0.4 mm 的喷嘴,而层高是 0.2 mm 的话,0.4 mm 的细丝挤在 0.2 mm 的空间内,会被"挤扁"变宽,如果选择"自动",则自动计算这个宽度,如果选择"手动",则需要自行计算,并输入在后面的框中。

④ 回抽部分设置与 Cura 软件相同。

(2)层。层设置如图 7.26 所示。

图 7.26　层设置

① 主挤出机:选择设置层参数的挤出机,不同的挤出机可以配置不同的参数。

② 层高:指每层的厚度,一般 0.4 mm 的喷嘴设置 0.2 mm 比较合适,如果设置小,则层数变多,打印时间变长,打印件表面细腻。

③ 封顶层数:指打印件顶部密实层数。

④ 封底层数:指打印件底部密实层数。

⑤ 外壳圈数:指打印件外壳由多少层组成,如果设置的数值较大,则打印件较结实,打印时间长。最小数值设置为 1,即外壳为 1 层组成。

⑥ 首层设置:主要包括首层层高、首层挤出线宽和首层打印降速比率。如果打印件很难从平台取下,则需要将首层层高的百分比设置较大;如果打印件在打印的过程中不牢固,与平台黏结不紧密,则首层层高的百分比设置较小。为了保证打印件与平台的黏结,一般首层要进行降速打印。

(3)附加。附加设置如图 7.27 所示。

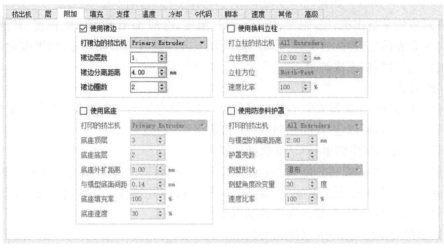

图 7.27　附加设置

① 裙边:为了测试喷嘴,一般要求在正式打印零件之前,先围绕零件打一个"测试线",这个测试线就是裙边。在打印裙边的时候,需要随时观察喷嘴是否可以正常打印。打印裙边可以排空喷头的空气,以保证喷头正常打印零件。

② 底座:若模型底边不平或平台接触面过小,可以使用底座。先在模型下方铺设一层板,零件在板上打印。

③ 换料立柱:若机器安装多个打印头,当一个打印头打印完更换另一个打印头时,由于新的打印头没有使用,而且处于正常加热中,其内部的打印料可能会慢慢流下来,当使用这个打印头时,流下来的料会黏在打印机表面,造成瑕疵。如果使用换料立柱,则每次更换喷头,打印机会自动在立柱上打印,将流下来的料会留在立柱上,这样,打印件表面就会是光滑的。

④ 防渗溢料护罩:如上所述,多喷头的打印机暂时不用的喷头内部的打印料可能会流下来,除了使用换料立柱,还可以使用防渗溢料护罩,该方法是在打印件外面打印一个壳,喷头上的溢料留在壳上,保证打印件表面光滑。

(4) 填充。填充的设置如图 7.28 所示。

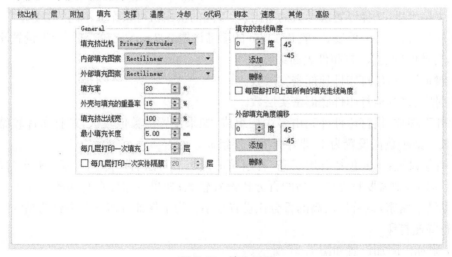

图 7.28　填充设置

　　填充是打印件内部的支撑物,一方面可以保证上面的打印料有支撑,另一方面提高了打印件的强度,该界面设置了填充的形状、填充率、填充角度等。

　　(5) 支撑。支撑是在模型之外打印"柱子",保证垂悬结构能够顺利打印的工具,支撑的设置如图 7.29 所示。

图 7.29　支撑设置

　　生成支撑结构前面已有表达,在此设置支撑的打印信息,大多与 Cura 相同。

　　选择打印支撑的喷嘴:若是多喷头打印机,可以指定一个喷嘴打印支撑,这样支撑材料和模型材料的性质可以不同,以便于支撑的剥离。

　　(6) 温度。在该界面设置喷嘴及热床的温度。与 Cura 软件不同的是,Simplify3D 可以为每层指定不同的温度。

　　(7) 冷却。该界面设置冷却风扇转速及冷却时间,与 Cura 相同。

　　(8) G 代码和脚本。

　　这两个界面设置针对打印机的 G 代码以及程序开头、结尾、换层、换喷头的固定 G 代码。

　　(9) 速度。速度设置如图 7.30 所示。

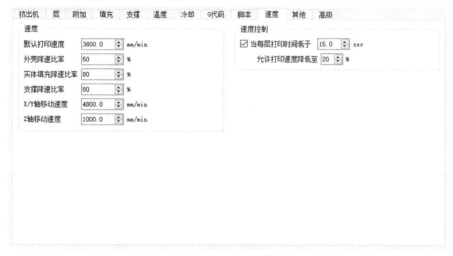

图 7.30　速度设置

该界面可对打印机的模型打印、支撑、速度等进行设置。

速度控制：为保证零件细部能够被很好地打印，Simplify3D 采取的策略是当某层打印时间小于某个值时，实行降速打印。

五、3D 网格功能

点击 Simplify3D 的网格，有 5 个子菜单，如图 7.31 所示。

（1）计算体积：计算已加载的模型体积。

（2）元素统计：统计模型的三角面等，如图 7.32 所示。

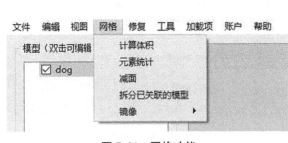

图 7.31　网格功能

图 7.32　元素统计

（3）减面：减少三角面，减少模型的大小，注意尺寸不变，减少占用磁盘空间的大小。

（4）拆分已关联的模型。

（5）镜像：可沿 X、Y、Z 轴镜像模型。

六、模型修复

Simplify3D 具有模型修复功能，但是其模型修复功能并不强大，若模型有故障，建议使用专业的修复工具，如 Magics、Netfabb 等。当模型出现故障时，一定要修复完成再进行切片，否则可能会导致打印失败。

图 7.33 是 Simplify3D 的修复菜单，其中"移除重复的三角形"和"移除孤立三角形"使用较多，这两项功能可以把重复的、孤立的三角形移除，因为这样的三角形对于模型打印没有帮助。

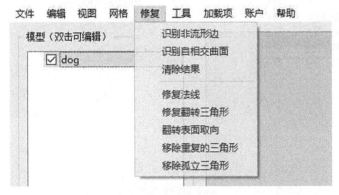

图 7.33　模型修复

七、生成 GCode 数据

切片的目的就是生成 GCode 数据,待模型导入,上述参数设置完成后,点击界面左下角的"准备打印",即进入图 7.34 所示的切片预览界面。

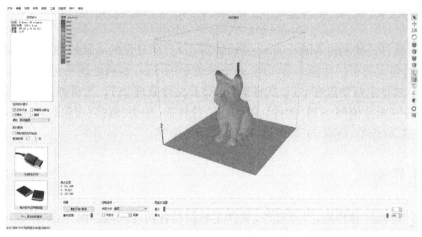

图 7.34　切片预览界面

该界面的中心区域显示打印头的路径,并用不同的颜色表示速度,如果要看某一层或某几层的打印头路径,可以在下方通过进度条选择,既可以静态观察,也可以使用仿真动画观察。

界面左上角显示该模型打印需要的时间、耗材等。点击界面左下角的"SD 卡"图标,则向 SD 卡内写入 GCode 数据,如果电脑没有插入 SD 卡,则会要求选择存放位置。将带有 GCode 数据的 SD 卡插入 3D 打印机中,开始打印。

点击界面左下角的"USB"图标,则进入如图 7.35 所示的打印界面。该界面可以手动控制 3D 打印机运动、显示打印头的坐标位置、手动回零、设定及显示温度、开始打印、暂停打印、调节打印速度及发送单独命令。在该界面,点击"打印",即开始按照生成的 GCode 数据工作,数据由电脑通过 USB 线传输一段、执行一段。

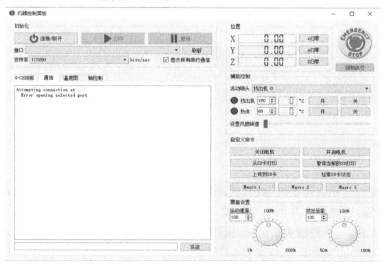

图 7.35　开始打印界面

通过 USB 线连接电脑打印,叫做联机打印;通过 SD 卡打印,叫做脱机打印。一般建议使用脱机打印,以避免长时间打印过程中因 USB 线脱落而造成打印失败。

第三节　Magics 软件的使用

Magics 软件是比利时 Materialise 公司针对 3D 打印开发的一款处理 STL 数据的软件,易学易用,其强大的布尔功能非常实用,是全球著名的 STL 编辑处理平台。

Magics 软件主要功能有 STL 文件测量、STL 文件处理、STL 文件错误修复、合并壳体、面修剪、重叠三角片侦测、STL 文件切割、开孔、拉伸面、抽壳、偏移、布尔运算、缩减三角片数量、光顺处理、打标签、嵌套、干涉侦测、STL 着色处理等。

一、软件界面

安装好 Magics 软件后,打开软件,软件主界面和各功能区域如图 7.36 所示。

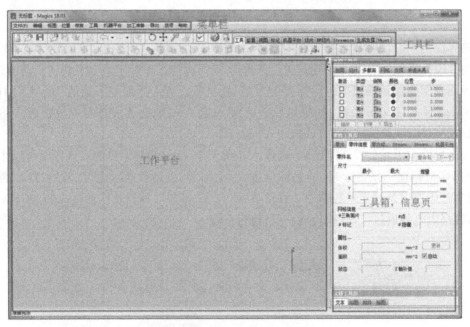

图 7.36　Magics 软件主界面

二、加载零件

点击"文件"—"加载新零件"或者使用快捷键 Ctrl+L,进入如图 7.37 所示的界面,选择零件存放的位置,选择零件并点击"打开",即可加载零件。

如图 7.37 所示,下拉框为 Magics 软件支持导入的零件格式,一般常用格式均可导入,若 Magics 软件不支持的文件类型,需要使用其他软件转为 STL 格式后,再次导入 Magics 软件。

图 7.37　加载零件

三、模型显示

Magics 软件可以导入多个模型零件，导入的模型零件在零件工具页显示，选择"显示"模式，可以更改某一个模型零件的显示。如图 7.38 所示。

图 7.38　零件工具页

（1）模型旋转与绽放。

在 Magics 软件中，STL 格式文件的旋转方式有三种：实时、相对和七种默认视角。所有这些旋转操作都可以通过视图工具栏中的实时旋转来完成。如图 7.39 所示。

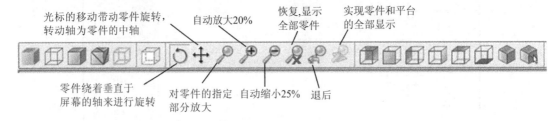

图 7.39　视图工具栏

鼠标快捷方式：

① 旋转：按住鼠标右键并移动，此时光标会变成移动状态。

② 缩放功能：可以通过鼠标滑轮来实现，向前旋转放大，向后旋转缩小。如果鼠标没有滑轮，按住 Ctrl 键的同时按住鼠标右键也可以实现缩放功能，即向前移动鼠标则缩小，向后则放大。

（2）剖面显示。

选择视图工具页中的多截面选项，可以激活多个剖切显示，图 7.40 为激活一个 X 轴剖切的示例。激活该剖切显示后，可以选择轴、显示方式、颜色及剖切位置等。

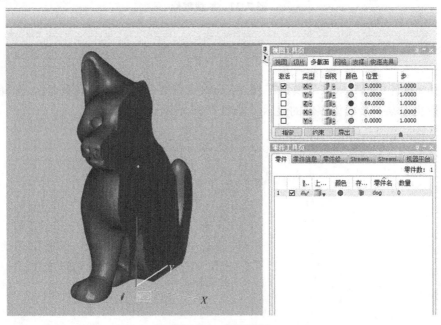

图 7.40　剖切显示

四、数据分析

（1）模型信息。

选择零件工具页的零件信息子选项，可显示当前零件信息，可以查看单个零件的位置、尺寸、体积、三角片个数、点个数等。如图 7.41 所示。

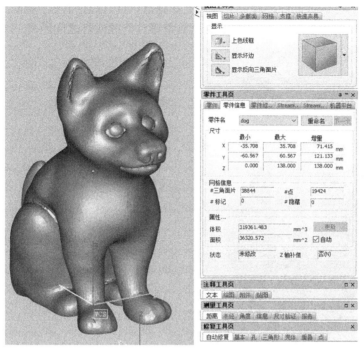

图 7.41　模型信息显示

（2）零件修复。

选择零件工具页的零件修复信息子选项，可显示当前零件错误信息。若零件存在错误，可点击修复菜单，选择修复向导或者单项修复功能，修复模型，如图 7.42 所示。

图 7.42　零件错误信息及修复菜单

（3）零件测量。

选择测量工具页，可进行距离、半径、角度等测量，也可以进行尺寸验证。通过距离测量功能，测量点到点的距离。图7.43显示的是测量零件狗的两耳之间距离。

图7.43　测量功能

五、布尔运算

布尔运算功能可以对两个零件进行交、并、减操作。若Magics软件加载的是单个零件，则布尔运算功能不可用；若加载多个零件，当选择两个零件的时候，可以进行布尔运算。

如图7.44所示，通过零件工具页可以看出，Magics软件加载了一个正方体和球体，选择这两个零件，点击"并"，进入如图7.45所示的布尔运算选项。运算完毕之后，两个零件就变成了一个零件，如图7.46所示。

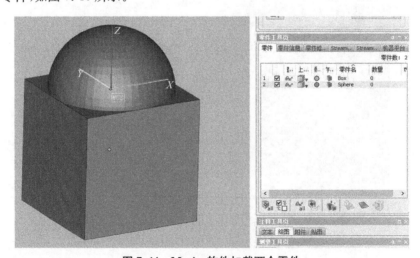

图7.44　Magics软件加载两个零件

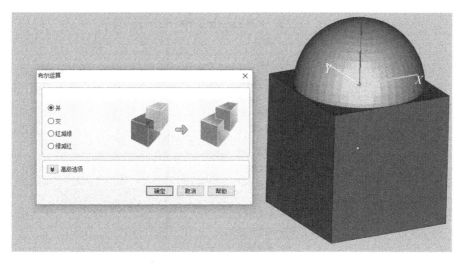

图 7.45　布尔运算

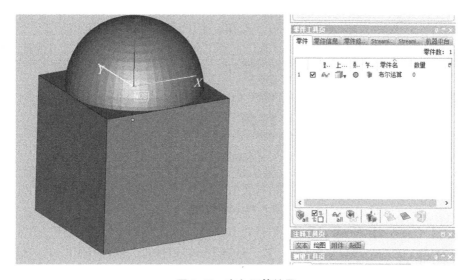

图 7.46　布尔运算结果

六、其他功能

Magics 软件除了可以进行零件修复以外,还可以进行三角片标记、上色、分割、打孔、壁厚分析、抽壳、移动等,如图 7.47 所示。

图 7.47　其他功能

七、零件导出

零件在 Magics 软件修复或修改后,通过"文件"—"零件",另存为选项,可以导出所需要的格式,当然 Magics 软件也可以进行切片,切片数据直接传送给 3D 打印机,从而将修复的模型打印出来。

第八章　Arduino 基础

第一节　什么是 Arduino

Arduino 项目起源于意大利，该名字在意大利是男性用名，音译为"阿尔杜伊诺"，意思为"强壮的朋友"，通常作为专有名词，在拼写时首字母需要大写。其创始团队成员包括：Massimo Banzi、David Cuartielles、Tom Igoe、Gianluca Martino、David Mellis 和 Nicholas Zambetti。Arduino 的出现并不是偶然，Arduino 最初是为一些非电子工程专业的学生设计的。设计者最初为了寻求一个廉价好用的微控制器开发板从而决定自己动手制作开发板，Arduino 一经推出，因其开源、廉价、简单易懂的特性迅速受到了广大电子迷的喜爱和推崇。大部分人即便不懂电脑编程，利用这个开发板也能做出炫酷有趣的东西，比如读取传感器、控制电机及执行器等，并用传感器及执行器控制机器人等。

图 8.1 和图 8.2 分别是 Arduino Uno R3 和 Arduino Mega 2560 R3 板，这两块板目前被广泛使用。

图 8.1　Arduino Uno R3 板

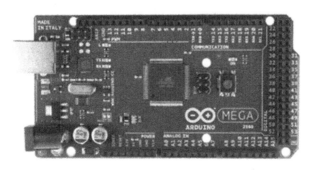

图 8.2　Arduino Mega 2560 R3 板

第二节　Arduino 的优势

Arduino 的硬件设计电路和软件都可以在官方网站上免费获得,正式的制作商是意大利的 SmartProjects,Arduino 的开发团队仅保留 Arduino 的名字,基于开源的精神,任何工厂只要在硬件上标注 Arduino 和开源标志,并承诺继续开源,都可以使用开发团队的软件和设计电路,因此许多制造商生产和销售他们自己的与 Arduino 兼容的电路板和扩展板。Arduino更加准确的说法是一个包含硬件和软件的电子开发平台,具有互助和奉献的开源精神以及团队力量。

因为很多人都在开发、改进、制造 Arduino 控制板和扩展板,所以 Arduino 的发展非常迅速,目前全球的新产品开发大多都是用 Arduino 打样。

第三节　Arduino 的型号

一、Arduino 开发板

Arduino 开发板设计得非常简洁,一块 AVR 单片机、一个晶振或振荡器和一个 5V 的直流电源。常见的开发板通过一条 USB 数据线连接计算机。Arduino 有各式各样的开发板,其中最通用的是 Arduino UNO。另外,还有很多小型的、微型的、基于蓝牙和 Wi-Fi 的变种开发板。还有一款新增的开发板叫做 Arduino Mega 2560,它提供了更多的 I/O 引脚和更大的存储空间,并且启动更加迅速。以 Arduino UNO 为例,Arduino UNO 的处理器核心是ATmega 328,同时具有 14 路数字输入/输出口(其中 6 路可作为 PWM 输出),6 路模拟输入,一个 16MHz 的晶体振荡器,一个 USB 接口,一个电源插座,一个 ICSP header 和一个复位按钮。Arduino UNO 开发板的基础构成如表 8.1 和表 8.2 所示。

表 8.1　Arduino UNO 开发板基本概要构成(ATmega328)1

处理器	工作电压	输入电压	数字 I/O 脚	模拟输入脚	串口
ATmega328	5V	6—20V	14	6	1

表 8.2　Arduino UNO 开发板基本概要构成(ATmega328)2

IO 脚直流电流	3.3V 脚直流电流	程序存储器	SRAM	EEPROM	工作时钟
40 mA	50 mA	32 KB	2 KB	1 KB	16 MHz

图 8.3 为 Arduino UNO R3 功能标注,Arduino UNO 有以下三种自动选择供电方式:① 外部直流电源通过电源插座供电;② 电池连接电源连接器的 GND 和 VIN 引脚;③ USB接口直接供电,此处输入稳定 5V 电。

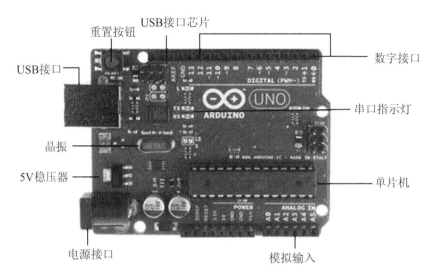

图 8.3　Arduino UNO R3 功能标注

在电源接口上方,有一个 AMST1117 字样的模块,这个芯片是个三端 5V 稳压器,电源口的电源经过它稳压之后输给板子。其实电源适配器内已经有稳压器,但是电池没有,所以当使用电池输入的时候有烧毁的危险。因此,一切从电源口经过的电源都必须过它检测,它对不同的电源会进行区别处理。

重置按钮和重置接口都用于重启单片机,就像重启电脑一样。若利用重置接口来重启单片机,应暂时将接口设置为 0V 即可重启。

GND 引脚为接地引脚,也就是 0V。A0～A5 引脚为模拟输入的 6 个接口,可以用来测量连接到引脚上的电压,测量值可以通过串口显示出来。可以用作数字信号的输入输出。

Arduino 同样需要串口进行通信,图 8.3 所示的串口指示灯在串口工作的时候会闪烁。Arduino 通信在编译程序和下载程序时进行,同时还可以与其他设备进行通信。而与其他设备进行通信时则需要连接 RX(接收)和 TX(发送)引脚。ATmega328 芯片中内置的串口通信硬件是可以通过同步和异步模式工作的。同步模式需要专用的信号来表示时钟信息,而 Arduino 的串口工作在异步模式下,这和大多数 PC 的串口是一致的。数字引脚 0 和 1 分别标注着 RX 和 TX,表明这两个可以当做串口的引脚是异步工作的,既可以只接收或发送信号,也可以同时接收和发送信号。

二、Arduino 的扩展硬件

与 Arduino 相关的硬件除了核心开发板外,各种扩展板也是重要的组成部分。Arduino 开发板设计的可以安装扩展板,即盾板进行扩展。它们是一些电路板,包含其他的元件,如网络模块、GPRS 模块、语音模块等。在图 8.3 所示的开发板两侧可以插其他引脚的地方就是可以用于安装其他扩展板的地方。它被设计为积木式,通过一层层的叠加而实现各种各样的扩展功能。例如,Arduino UNO 同 W5100 网络扩展板可以实现上网的功能,堆插传感器扩展板可以扩展 Arduino 连接传感器的接口。

第四节　Arduino 的开发环境

给 Arduino 编程需要用到 IDE(Integrated Development Environment)，这是一款免费的软件。在这款软件上编程需要使用 Arduino 的语言，这是一种解释型语言，写好的程序被称为 sketch，编译通过后就可以下载到开发板中。在 Arduino 的官方网站上可以下载这款官方设计的软件及源码、教程和文档。

下载完成后，双击鼠标打开安装包，等待进入安装界面，如图 8.4 所示，此时单击"I Agree"，进入图 8.5 界面。此时，从上至下的选项框依次为：① 安装 Arduino 软件；② 安装 USB 驱动；③ 创建开始菜单快捷方式；④ 创建桌面快捷方式；⑤ 关联 ino 文件。

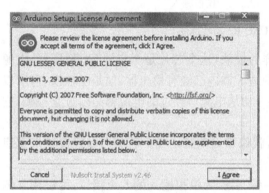

图 8.4　安装界面　　　　　　　　　　图 8.5　安装选项

Arduino 通过 USB 串口与计算机相连接，所以安装 USB 驱动选项需要选择。写好的 Arduino 程序保存文件类型为. ino 文件，因此需要关联该类型文件。中间两项创建快捷方式则可选可不选。选择完成后单击"Next"。

根据提示选择安装目录，如图 8.6 所示。之后点击"Install"，即可进行安装，如图8.7 所示。

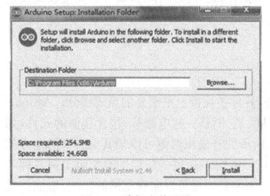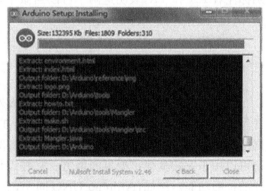

图 8.6　选择安装目录　　　　　　　　　图 8.7　安装过程中

安装完成后关闭安装对话框。双击 Arduino 应用程序即可进入 IDE-sketch 初始界面，如图 8.8 所示。

图 8.8　Arduino IDE 1.0.5 界面

至此，Arduino IDE 已经成功地安装到了电脑上。在将开发板用 USB 连接到电脑上后，Windows 会自动安装 Arduino 的驱动。驱动安装成功后，开发板绿色的电源指示灯会亮起来，此时说明开发板可用。

上述是 Arduino IDE 的安装过程，Arduino 官网提供绿色版，只要下载解压即可用，不需要安装。

第五节　Blink——Arduino 的开始

在下载安装好 IDE 之后，下一步就可以实践了。Arduino IDE 提供了非常多的示例，通过示例可以学习 Arduino 程序的编写，本书将以 Blink 为例。

点击"文件"—"示例"—". Basics"—"Blink"，即打开 Blink 程序，如图 8.9 和图 8.10 所示。

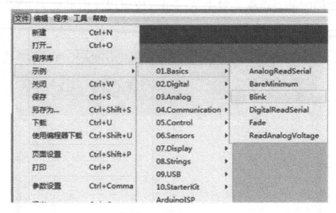

图 8.9　打开 Blink

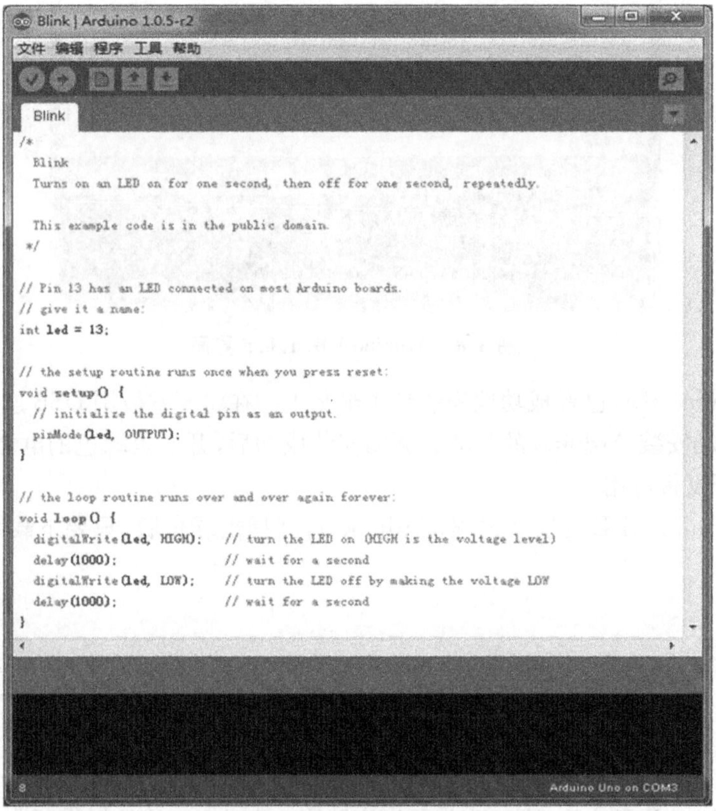

图 8.10　Blink 程序

　　将 Arduino 开发板的 USB 接口连接到电脑上,当系统提示安装成功,并且开发板的绿色"ON"指示灯亮起时,就可以进行 Blink 的上传。点击"工具"—"开发板",选择使用的开发板,之后选择端口(本例端口是 COM3),最后点击"上传",再经过短暂的几秒烧写之后,会发现开发板的串口指示灯闪烁了数次,提示成功之后,此时开发板按照刚刚烧写的程序运行。本例的程序功能是板载的 LED 灯 1000 ms 间隔亮暗。

　　试着改写 Delay(1000)程序中的 1000 为 2000,按照上述方法重新烧写程序,此时板载的 LED 灯 2000 ms 间隔亮暗。

第九章　编程语言基础

第一节　Arduino 程序结构

Arduino 程序的架构大体可分为 3 个部分。

(1) 声明变量及接口的名称。

(2) setup()。

在 Arduino 程序运行时首先要调用 setup()函数,用于初始化变量、设置针脚的输出/输入类型、配置串口、引入类库文件等等。每次 Arduino 程序上电或重启后,setup()函数只运行一次。

(3) loop()。

该函数在程序运行过程中不断地循环,根据输入和程序,做出相应的输出。通过该函数动态控制 Arduino 主控板。

程序 Blink 中包含了完整的 Arduino 基本程序框架。

程序 Blink:闪灯程序

```
int LEDPin = 3;
void setup()
{
    pinMode(LEDPin, OUTPUT);    //将 3 引脚设置为输出引脚
}


void loop()
{
    digitalWrite(LEDPin, HIGH);    //3 引脚输出高电平,即将小灯点亮
    delay(1000);    //延时 1 秒
    digitalWrite(LEDPin, LOW);    //3 引脚输出低电平,即将小灯熄灭
    delay(1000);    //延时 1 秒
}
```

这是一个简单的实现 LED 灯闪烁的程序,在这个程序里,"int LEDPin = 3"就是上面架构的第一部分,用来声明变量及接口。void setup()函数则将 LEDPin 引脚的模式设为输出模式。在"void loop()"中则循环执行点亮熄灭 LED 灯,实现 LED 灯的闪烁。

Arduino 官方团队提供了一套标准的 Arduino 函数库,如表 9.1 所示。

表 9.1　Arduino 标准库文件

库文件名	说明
EEPROM	读写程序库
Ethernet	以太网控制器程序库
LiquidCrystal	LCD 控制程序库
Servo	舵机控制程序库
SoftwareSerial	任何数字 IO 口模拟串口程序库
Stepper	步进电机控制程序库
Matrix	LED 矩阵控制程序库
Sprite	LED 矩阵图像处理控制程序库
Wire	TWI/I2C 总线程序库

第二节　语　言　基　础

一、数据类型

Arduino 与 C 语言类似,有多种数据类型。数据类型在数据结构中的定义是一个值的集合,以及定义在这个值集上的一组操作,各种数据类型需要在特定的地方使用。一般来说,变量的数据类型决定了如何将代表这些值的位存储到计算机的内存中。在声明变量时需要指定它的数据类型,所有变量都具有数据类型,以便决定存储不同类型的数据。

常用的数据类型有布尔类型、字符型、字节型、整型、无符号整型、长整型、无符号长整型、浮点型、双精度浮点型等。

(一) 布尔类型

布尔值(bollean)是一种逻辑值,其结果只能为真(true)或者假(false)。布尔值可以用来进行计算,最常用的布尔运算符是与运算(&&)、或运算(||)和非运算(!)。

(二) 字符型

字符型(char)变量可以用来存放字符,其数值范围是 −128~128。例如,char A=35。

(三) 字节型

字节(byte)只能用一个字节(8 位)的存储空间,它可以用来存储 0~255 之间的数字。例如,byte B=6。

（四）整型

整型(int)用两个字节表示一个存储空间,它可以用来存储−32768~32767 之间的数字。在 Arduino 中,整型是最常用的变量类型。例如,int C＝130。

（五）无符号整型

同整型一样,无符号整型(unsigned int)也用两个字节表示一个存储空间,它可以用来存储 0~65536 之间的数字,通过范围可以看出,无符号整型不能存储负数。例如,unsigned int D＝30025。

（六）长整型

长整型(long)可以用 4 个字节表示一个存储空间,其大小是 int 型的 2 倍。它可以用来存储−2147483648~2147483648 之间的数字。例如,long E＝1234567890。

（七）无符号长整型

无符号长整型(unsigned long)同长整型一样,用 4 个字节表示一个存储空间,它可以用来存储 0~4294967296 之间的数字。例如,unsigned long F＝1234567890。

（八）浮点型

浮点数(float)可以用来表示含有小数点的数,例如:2.56。当需要用变量表示小数时,浮点数便是所需要的数据类型。浮点数占有 4 个字节的内存,其存储空间很大,能够存储带小数的数字。例如:

a ＝ b / 3;

当 b ＝ 9 时,显然 a ＝ 3,为整型。

当 b ＝ 10 时,正确结果应为 3.3333,可是由于 a 是整型,计算出来的结果将会变为 3,这与实际结果不符

但是,如果方程为:

float a ＝ b / 3.0。

当 b ＝ 9 时,a ＝ 3.0。

当 b ＝ 10 时,a ＝ 3.3333,结果正确。

如果在常数后面加上".0",编译器会把该常数当做浮点数而不是整数来处理。

（九）双精度浮点型

双精度浮点型(double)同 float 类似,它通常占有 8 个字节的内存,双精度浮点型数据比浮点型数据的精度高,而且范围广。但是,双精度浮点型数据和浮点型数据在 Arduino 程序中是一样的。

二、运算符

（一）赋值运算符

（1）"＝"（等于）为指定某个变量的值,例如:A＝x,将 x 变量的值放入 A 变量。

（2）"＋＝"（加等于）为加入某个变量的值,例如:B＋＝x,将 B 变量的值与 x 变量的值相加,其和放入 B 变量,这与 B＝B＋x 表达式相同。

（3）"－＝"（减等于）为减去某个变量的值,例如:C－＝x,将 C 变量的值减去 x 变量的值,其差放入 C 变量,与 C＝C－x 表达式相同。

（4）"＊＝"（乘等于）为乘入某个变量的值,例如:D＊＝x,将 D 变量的值与 x 变量的值相乘,其积放入 D 变量,与 D＝D＊x 表达式相同。

（5）"/＝"（除等于）为和某个变量的值做商,例如:E/＝x,将 E 变量的值除以 x 变量的值,其商放入 E 变量,与 E＝E/x 表达式相同。

（6）"％＝"（取余等于）对某个变量的值进行取余数,例如:F％＝x,将 F 变量的值除以 x 变量的值,其余数放入 F 变量,与 F＝F％x 表达式相同。

（7）"＆＝"（与等于）对某个变量的值按位进行与运算,例如:G＆＝x,将 G 变量的值与 x 变量的值做 AND 运算,其结果放入 G 变量,与 G＝G＆x 表达式相同。

（8）"|＝"（或等于）对某个变量的值按位进行或运算,例如:H|＝x,将 H 变量的值与 x 变量的值做 OR 运算,其结果放入变量 H,与 H＝H|x 相同。

（9）"^＝"（异或等于）对某个变量的值按位进行异或运算,例如:I^＝x,将 I 变量的值与 x 变量的值做 XOR 运算,其结果放入变量 I,与 I＝I^x 相同。

（10）"＜＜＝"（左移等于）将某个变量的值按位进行左移,例如:J＜＜＝n,将 J 变量的值左移 n 位,与 J＝J＜＜n 相同。

（11）＞＞＝（右移等于）将某个变量的值按位进行右移,例如:K＞＞＝n,将 K 变量的值右移 n 位,与 K＝K＞＞n 相同。

（二）算术运算符

（1）"＋"（加）对两个值进行求和,例如:A＝x＋y,将 x 与 y 变量的值相加,其和放入 A 变量。

（2）"－"（减）对两个值进行做差,例如:B＝x－y,将 x 变量的值减去 y 变量的值,其差放入 B 变量。

（3）"＊"（乘）对两个值进行乘法运算,例如:C＝x＊y,将 x 与 y 变量的值相乘,其积放入 C 变量。

（4）"/"（除）对两个值进行除法运算,例如:D＝x/y,将 x 变量的值除以 y 变量的值,其商放入 D 变量。

（5）"％"（取余）对两个值进行取余运算,例如:E＝x％y,将 x 变量的值除以 y 变量的值,其余数放入 E 变量。

（三）关系运算符

（1）"＝＝"（相等）判断两个值是否相等,例如:x＝＝y,比较 x 与 y 变量的值是否相等,相等则其结果为 1,不相等则为 0。

（2）"！＝"（不等）判断两个值是否不等,例如:x！＝y,比较 x 与 y 变量的值是否相等,不相等则其结果为 1,相等则为 0。

（3）"＜"（小于）判断运算符左边的值是否小于右边的值,例如:x＜y,若 x 变量的值小于 y 变量的值,其结果为 1,否则为 0。

（4）"＞"（大于）判断运算符左边的值是否大于右边的值,例如:x＞y,若 x 变量的值大于 y 变量的值,其结果为 1,否则为 0。

（5）"＜＝"（小等于）判断运算符左边的值是否小于等于右边的值,例如:x＜＝y,若 x 变量的值小等于 y 变量的值,其结果为 1,否则为 0。

（6）"＞＝"（大等于）判断运算符左边的值是否大于等于右边的值,例如:x＞＝y,若 x 变量的值大等于 y 变量的值,其结果为 1,否则为 0。

（四）逻辑运算符

（1）"＆＆"（与运算）对两个表达式的布尔值进行按位与运算,例如:(x＞y)＆＆(y＞z),若 x 变量的值大于 y 变量的值,且 y 变量的值大于 z 变量的值,则其结果为 1,否则为 0。

（2）"||"（或运算）对两个表达式的布尔值进行按位或运算,例如:(x＞y)||(y＞z),若 x 变量的值大于 y 变量的值,或 y 变量的值大于 z 变量的值,则其结果为 1,否则为 0。

（3）"!"（非运算）对某个布尔值进行非运算,例如:!(x＞y),若 x 变量的值大于 y 变量的值,则其结果为 0,否则为 1。

三、数组

数组是一种可访问的变量的集合。Arduino 程序的数组是基于 C 语言的,实现起来虽然有些复杂,但使用却很简单。

数组的声明和创建与变量一致,下面是一些创建数组的例子。

apple［5］;

apple［］＝｛3,4,5,9,12｝;

apple［6］＝｛3,4,6,－2,10｝;

char apples［7］＝ "Arduino";

数组是从零开始索引的,也就说,数组初始化之后,数组第一个元素的索引为 0,如上例所示,apples［0］为"A"即数组的第一个元素是 0 号索引,并以此类推。这也意味着,在包含 10 个元素的数组中,索引 9 是最后一个元素。

数组创建之后在使用时,往往在 for 循环中进行操作,循环计数器可用于访问数组中的每个元素。例如,将数组中的元素通过串口打印,程序可以这样写:

```
void setup() {
int apple[10] = {1,2,3,4,5,6,7,8,9,10};  //定义长度为 10 的数组
int i;
```

```
for (i = 0；i < 10；i = i + 1)   //循环遍历数组
{
    Serial. println(apple[i])；  //打印数组元素
}
}

void loop() {
    // put your main code here, to run repeatedly:
}
```

四、条件判断语句

Arduino 语言基于 C 和 C++,C 语言中有一些内建指令,这些内建指令中有几个很重要的语句经常用到,常用的条件判断语句有 if 和 else。

在考虑问题和解决问题的过程中,很多事情不是一帆风顺的,需要进行判断再做出不同的处理。这里就需要用到了条件语句,有些语句并不是一直执行的,需要一定的条件去触发。同时,针对同一个变量,不同的值进行不同的判断,也需要用到条件语句。同样,程序如果需要运行一部分,也可以进行条件判断。

if 的语法如下:

```
if(delayTime<100)
{
delayTime=1000；
}
```

如果 if 后面的条件满足,就执行{ }内的语句。

if 后面的条件,一般是前述的关系运算符。

if 语句另一种形式也很常用,即 if-else 语句。这种语句语义为:在条件成立时执行 if 语句下括号的内容,不成立时执行 else 语句下的内容。

if-else 语句还可以多次连用来进行多次选择判断。使用时应准确判断逻辑关系,以避免产生错误。

五、循环结构

循环语句用来重复执行某一些语句,为了避免死循环,必须在循环语句中加入条件,满足条件时执行循环,不满足条件时退出循环。本书介绍 for 循环和 while 循环。

(一) for 循环

在 loop() 函数中,程序执行完一次之后会返回 loop 中重新执行,在内建指令中同样有一种循环语句可以进行更准确的循环控制——for 语句,for 循环语句可以控制循环的次数。

for 循环包括 3 个部分:for(初始化,条件检测,循环状态){程序语句}。初始化语句是对变量进行条件初始化;条件检测是对变量的值进行条件判断,如果为真则运行 for 循环语句大括号中的内容,若为假则跳出循环。循环状态则是在大括号语句执行完之后,执行循环状态语句,之后重新执行条件判断语句。

（二）while 循环

相比 for 语句,while 语句更简单一些,但是实现的功能和 for 循环是一致的。while 语句语法为"while(条件语句){程序语句}"。条件语句结果为真时,则执行循环中的程序语句,如果条件语句为假时,则跳出 while 循环语句。相比 for 语句,while 语句循环状态可以写到程序语句中,更方便易读。

第十章　Arduino 使用案例

第一节　人体感应灯

本案例使用人体热释电红外传感器感应人体，并将该传感器接入 Arduino 的 2 号脚，当感测到人体后，接在 3 号脚的灯点亮。程序如下：

```
/*
OpenJumper Example
Pyroelectric Infrared Sensor And Relay
人体感应灯
http://www.openjumper.com/
*/
int PIRpin=2;  //定义变量
int RELAYpin=3;  //定义变量
void setup() {
    Serial.begin(9600);  //设定串口波特率
    pinMode(PIRpin,INPUT);  //定义 2 号脚是输入
    pinMode(RELAYpin,OUTPUT);  //定义 3 号脚输出
}
void loop() {
    // 等待传感器检测到人
    while(! digitalRead(PIRpin)){}
    // 将灯打开 10 秒,然后关闭
    Serial.println("turn on");
    digitalWrite(RELAYpin,HIGH);  //开灯
    delay(10000);  //等待 10 秒
    digitalWrite(RELAYpin,LOW);  //关灯
    Serial.println("turn off");
}
```

第二节　呼　吸　灯

本案例在 Arduino 的 9 号脚接入一个 led 灯,执行结果是灯慢慢变亮、慢慢变暗。

```
/ *
Fading
通过 analogWrite( ) 函数实现呼吸灯效果
* /
int ledPin = 9;      // LED 连接在 9 号引脚上
void setup( )  {
  // Setup 部分不进行任何处理
}
void loop( )  {
  // 从暗到亮,以每次加 5 的形式逐渐亮起来
  for(int fadeValue = 0 ; fadeValue <= 255; fadeValue +=5) {
    // 输出 PWM
    analogWrite(ledPin, fadeValue);
    // 等待 30ms,以便观察到渐变效果
    delay(30);
  }
  // 从亮到暗,以每次减 5 的形式逐渐暗下来
  for(int fadeValue = 255 ; fadeValue >= 0; fadeValue -=5) {
    // 输出 PWM
    analogWrite(ledPin, fadeValue);
    // 等待 30ms,以便观察到渐变效果
    delay(30);
  }
}
```

上传程序到 Arduino Uno 后,可以观察到 LED 亮灭交换渐变,好似呼吸一般的效果。

以上程序中,通过 for 循环,逐渐改变 LED 的亮度,达到呼吸的效果。在两个 for 循环中都有 delay(30) 的延时语句,这是为了让我们肉眼能观察到亮度调节的效果。如果没有这个语句,整个变化效果将一闪而过。

参 考 文 献

［1］ 陈昌洲. Arduino 程序设计基础［M］. 2 版. 北京：北京航空航天大学出版社，2015.
［2］ 宋楠，韩广义. Arduino 开发从零开始学：学电子的都玩这个［M］. 北京：清华大学出版社，2014.
［3］ 王刚. 3D 打印实用教程［M］. 合肥：安徽科学技术出版社，2016.
［4］ Arduino 官方网站：http://www.arduino.cc/.
［5］ Arduino 中文社区：http://www.arduino.cn/.